讓數學變容易

面積關係幫你解題

張景中 ▼ 著

商務印書館

面積關係幫你解題

作　　者：張景中
責任編輯：李倖儀
封面設計：涂　慧
出　　版：商務印書館（香港）有限公司
香港筲箕灣耀興道 3 號東滙廣場 8 樓
http://www.commercialpress.com.hk
發　　行：香港聯合書刊物流有限公司
香港新界大埔汀麗路 36 號中華商務印刷大廈 3 字樓
印　　刷：美雅印刷製本有限公司
九龍觀塘榮業街 6 號海濱工業大廈 4 樓 A 室
版　　次：2018 年 8 月第 1 版第 1 次印刷

ISBN 978 962 07 5779 2
Printed in Hong Kong

序

我想人的天性是懶的，就像物體有惰性。要是沒甚麼鞭策，沒甚麼督促，很多事情就做不成。我的第一本科普書《數學傳奇》，就是在中國少年兒童出版社的文贊陽先生督促下寫成的。那是1979年暑假，他到成都，到我家裏找我。他說你還沒有出過書，就寫一本數學科普書吧。這麼說了幾次，盛情難卻，我就試着寫了，自己一讀又不滿意，就撕掉重新寫。那時沒有計算機或打字機，是老老實實用筆在稿紙上寫的。幾個月下來，最後寫了6萬字。他給我刪掉了3萬，書就出來了。為甚麼要刪？文先生說，他看不懂的就刪，連自己都看不懂，怎麼忍心印出來給小朋友看呢？書出來之後，他高興地告訴我，很受歡迎，並動員我再寫一本。

後來，其他的書都是被逼出來的。湖南教育出版社出版的《數學與哲學》，是我大學裏高等代數老師丁石孫先生主編的套書中的一本。開策劃會時我沒出席，他們就留了「數學與哲學」這個題目給我。我不懂哲學，只好找幾本書老老實實地學了兩個月，加上自己的看法，湊出來交卷。書中對一些古老的話題如「飛矢不動」、「白馬非馬」、「先有雞還是先有蛋」、「偶然與必然」，冒昧地提出自己的看法，引起了讀者的興趣。此書後來被3家出版社出版。又被選用改編為數學教育方向的《數學哲學》教材。其中許多材料還被收錄於一些中學的校本教材之中。

《數學家的眼光》是被陳效師先生逼出來的。他說，您給文先生寫了書，他退休了，我接替他的工作，您也得給我寫。我經不住他一再勸説，就答應下來。一答應，就像是欠下一筆債似的，只好想到甚麼就寫點甚麼。5 年積累下來，寫成了 6 萬字的一本小冊子。

這是外因，另外也有內因。自己小時候接觸了科普書，感到幫助很大，印象很深。比如蘇聯伊林的《十萬個為甚麼》、《幾點鐘》、《不夜天》、《汽車怎樣會跑路》；中國顧均正的《科學趣味》和他翻譯的《烏拉・波拉故事集》，劉薰宇的《馬先生談算學》和《數學的園地》，王峻岑的《數學列車》。這些書不僅讀起來有趣，讀後還能夠帶來悠長的回味和反覆的思索。還有法布林的《蜘蛛的故事》和《化學奇談》，很有思想，有啟發，本來看上去很普通的事情，竟有那麼多意想不到的奧妙在裏面。看了這些書，就促使自己去學習更多的科學知識，也激發了創作的慾望。那時我就想，如果有人給我出版，我也要寫這樣好看的書。

法布林寫的書，以十大卷的《昆蟲記》為代表，不但是科普書，也可以看成是科學專著。這樣的書，小朋友看起來趣味盎然，專家看了也收穫頗豐。他的科學研究和科普創作是融為一體的，令人佩服。

寫數學科普，想學法布林太難了。也許根本不可能做到像《昆蟲記》那樣將科研和科普融為一體。但在寫的過程中，總還是禁不住想把自己想出來的東西放到書裏，把科研和科普結合起來。

從一開始，寫《數學傳奇》時，我就努力嘗試讓讀者分享自己體驗過的思考的樂趣。書裏提到的「五猴分桃」問題，在世界上流傳已久。20 世紀 80 年代，諾貝爾獎獲得者李政道訪問中國科學技術大學，和少年班的學生們座談時提到這個問題，少年大學生們一時都沒有做出來。李政道介紹了著名數學家懷德海的一個巧妙解答，用到了高階差分方程特解的概念。基於函數相似變換的思想，我設計了「先借後還」的情景，給出一個小學生能夠懂的簡單解法。這個小小的成功給了我很大的啟發：寫科普不僅僅是搬運和解讀知識，也要深深地思考。

在《數學家的眼光》一書中，提到了祖沖之的密率 $\frac{355}{113}$ 有甚麼好處的問題。數學大師華羅庚在《數論導引》一書中用丟番圖理論證明了，所有分母不超過 366 的分數中，$\frac{355}{113}$ 最接近圓周率 π。另一位數學家夏道行，在他的《e 和 π》一書中用連分數理論推出，分母不超過 8000 的分數中，$\frac{355}{113}$ 最接近圓周率 π。在學習了這些方法的基礎上我做了進一步探索，只用初中數學中的不等式知識，不多幾行的推導就能證明，分母不超過 16586 的分數中，$\frac{355}{113}$ 是最接近 π 的冠軍。而 $\frac{52163}{16604}$ 比 $\frac{355}{113}$ 在小數後第七位上略精確一點，但分母卻大了上百倍！

我的老師北京大學的程慶民教授在一篇書評中，特別稱讚了五猴分桃的新解法。著名數學家王元院士，則在書評中對我在密率問題的處理表示欣賞。學術前輩的鼓勵，是對自己的鞭策，也是自己能夠長期堅持科普創作的動力之一。

在科普創作時做過的數學題中，我認為最有趣的是生銹圓規作圖問題。這個問題是美國著名幾何學家佩多教授在國外刊物上提出來的，我們給圓滿地解決了。先在國內作為科普文章發表，後來寫成英文刊登在國外的學術期刊《幾何學報》上。這是數學科普與科研相融合的不多的例子之一。佩多教授就此事發表過一篇短文，盛讚中國幾何學者的工作，說這是他最愉快的數學經驗之一。

1974 年我在新疆當過中學數學教師。一些教學心得成為後來科普寫作的素材。文集中多處涉及面積方法解題，如《從數學教育到教育數學》、《新概念幾何》、《幾何的新方法和新體系》等，源於教學經驗的啟發。面積方法古今中外早已有了。我所做的，主要是提出兩個基本工具（共邊定理和共角定理），並發現了面積方法是具有普遍意義的幾何解題方法。1992 年應周咸青邀請訪美合作時，從共邊定理的一則應用中提煉出消點演算法，發展出幾何定理機器證明的新思路。接着和周咸青、高小山合作，系統地建立了幾何定理可讀證明自動生成的理論和演算法。楊路進一步把這個方法推廣到非歐幾何，並發現了一批非歐幾何新定理。國際著名計算機科學家保伊爾（Robert S. Boyer）將此譽為計算機處理幾何問題發展道路上的里程碑。這一工作獲 1995 年中國科學院自然科學一等獎和 1997 年國家自然科學二等獎。從教學到科普又到科學研究，20 年的發展變化實在出乎自己的意料！

在《數學家的眼光》中，用一個例子説明，用有誤差的計算可能獲得準確的結果。基於這一想法，最近幾年開闢了「零誤差計算」的新的研究方向，初步有了不錯的結果。例如，用這個思想建立的因式分解新演算法，對於兩個變元的情形，比現有方法效率有上千倍的提高。這個方向的研究還在發展之中。

1979-1985 年，我在中國科學技術大學先後為少年班和數學系講微積分。在教學中對極限概念和實數理論做了較深入的思考，提出了一種比較容易理解的極限定義方法——「非 ε 語言極限定義」，還發現了類似於數學歸納法的「連續歸納法」。這些想法，連同面積方法的部分例子，構成了 1989 年出版的《從數學教育到教育數學》的主要內容。這本書是在四川教育出版社余秉本女士督促下寫出來的。書中第一次提出了「教育數學」的概念，認為教育數學的任務是「為了數學教育的需要，對數學的成果進行再創造。」這一理念漸漸被更多的學者和老師們認同，導致 2004 年教育數學學會（全名是「中國高等教育學會教育數學專業委員會」）的誕生。此後每年舉行一次教育數學年會，交流為教育而改進數學的心得。這本書先後由 3 家出版社出版，從此面積方法在國內被編入多種奧數培訓讀物。師範院校的教材《初等幾何研究》（左銓如、季素月編著，上海科技教育出版社，1991 年）中詳細介紹了系統面積方法的基本原理。已故的著名數學家和數學教育家，西南師大陳重穆教授在主持編寫的《高效初中數學實驗教材》中，把面積方法的兩個基本工具「共邊定理」和「共角定理」作為重要定理，教學實驗效果很好。1993 年，四川都江教育學院劉宗貴老師根據此書中的想法編寫的教材《非 ε 語言一元微積分學》在貴州教育出版社出版。在教學實踐中效果明顯，後來還發表了論文。此後，重慶師範學院陳文立先生和廣州師範學院蕭治經先生所編寫的微積分教材，也都採用了此書中提出的「非 ε 語言極限定義」。

十多年之後，受林群先生研究工作的啟發帶動，我重啟了關於微積分教學改革的思考。文集中有關不用極限的微積分的內容，是 2005 年以來的心得。這方面的見解，得到著名數學教育家張奠宙先生的首肯，使我堅定了投入教學實踐的信心。我曾經在高中嘗試過用 5 個課時講不用極限的微積分初步。又在南方科技大學試講，用 16 個課時講不用極限的一元微積分，嚴謹論證了所有的基本定理。初步實驗的，效果尚可，系統的教學實踐尚待開展。

也是在 2005 年後，自己對教育數學的具體努力方向有了新的認識。長期以來，幾何教學是國際上數學教育關注的焦點之一，我也因此致力於研究更為簡便有力的幾何解題方法。後來看到大家都在刪減傳統的初等幾何內容，促使我作戰略調整的思考，把關注的重點從幾何轉向三角。2006 年發表了有關重建三角的兩篇文章，得到張奠宙先生熱情的鼓勵支持。這方面的想法，就是《一線串通的初等數學》一書的主要內容。書裏面提出，初中一年級就可以學習正弦，然後以三角帶動幾何，串聯代數，用知識的縱橫聯繫驅動學生的思考，促進其學習興趣與數學素質的提高。初一學三角的方案可行嗎？寧波教育學院崔雪芳教授先吃螃蟹，做了一節課的反覆試驗。她得出的結論是可行！但是，學習內容和國家教材不一致，統考能過關嗎？做這樣的教學實驗有一定風險，需要極大的勇氣，也要有行政方面的保護支持。2012 年，在廣州市科協開展的「千師萬苗工程」支持下，經廣州海珠區教育局立項，海珠實驗中學組織了兩個班的初中全程的實驗。兩個實驗班有 105 名學生，入學分班平均成績為 62 分和 64 分，測試中有三分之二的學生不會作三角形的鈍角邊上的高，可見數學基礎屬於一般水平。實驗班由一位青年教師張東方負責備課講課。她把《一線串通的初等數學》的內容分成 5 章 92 課時，整合到人教版初中數學教材之中。整合的結果節省了 60 個課時，5 個學期內不僅講完了按課程標準 6 個學期應學的內容，還用書中的新方法從一年級下學期講正弦和正弦定理，以後陸續講了正弦和角公式，餘弦定理這些按常規屬於高中課程的內容。教師教得順利輕鬆，學生學得積極愉快。其間經歷了區裏的 3 次期末統考，張東方老師匯報的情況如下。

從成績看效果

期間經過三次全區期末統考。實驗班學生做題如果用了教材以外的知識，必須對所用的公式給出推導過程。在全區 80 個班級中，實驗班的成績突出，比區平均分高很多。滿分為 150 分，實驗一班有 4 位同學獲滿分，其中最差的個人成績 120 多分。

	實驗 1 班平均分	實驗 2 班平均分	區平均分	全區所有班級排名
七年級下期末	140	138	91	第一名和第八名
八年級上期末	136	133	87.76	第一名和第五名
八年級下期末	145	141	96.83	第一名和第三名

這樣的實驗效果是出乎我意料的。目前，廣州市教育研究院正在總結研究經驗，並組織更多的學校準備進行更大規模的教學實驗。

科普作品，以「普」為貴。科普作品中的內容若能進入基礎教育階段的教材，被社會認可為青少年普遍要學的知識，就普得不能再普了。當然，一旦成為教材，科普書也就失去了自己作為科普的意義，只是作為歷史記錄而存在。這是作者的希望，也是多年努力的目標。書中不當之處，歡迎讀者指正。

目錄

第一章

一個古老而年輕的方法

利用面積關係來說明數學中的某些恆等式、不等式，或證明某些定理，這是一個古老而又年輕的方法。

說它古老，是因為：早在 3 000 多年前，在幾何學還沒有形成一門系統的學科時，人們已經會用這種方法來解決某些問題了。

說它年輕，是因為：直到今天，人們並沒有給它足夠的重視，因而，這種方法的潛力還沒有得到發揮。它廣泛的、五花八門的用途，很少在教科書、教學參考書和各種學生讀物中得到較系統的闡述。

幾何學的產生，源於人們對土地面積的測量的需要。翻開任何一本關於數學史的通俗讀物，差不多都記載着這樣的故事：在古埃及，尼羅河每年泛濫一次。洪水給兩岸的田地帶來了肥沃的淤積泥土，但也抹掉了田地之間的界線標誌。洪水退後，人們要重新劃出田地的界線，這就必須丈量和計算田地的面積。年復一年，就積累了最基本的幾何知識。

這樣看來，從一開始，幾何學便與面積結下不解之緣。英語中的「幾何」——“*Geometry*”，這個字的字頭“*geo*”，便含有「土地」的意思。

但是，用面積關係來證明幾何定理，最早的例子是勾股定理的證法。所謂勾股定理，就是：

在直角三角形中，兩直角邊的平方之和等於斜邊的平方。

中國古代數學家把直角三角形的較短的直角邊叫「勾」，較長的直角邊叫「股」，而把斜邊叫做「弦」。因而把這個定理敍述為「勾方加股方等於弦方」，勾股定理由此而得名。

勾股定理的下述精彩證明，是中國古代數學家智慧的結晶。

勾股定理證法之一：

如圖 1-1 所示，四個同樣大小的直角三角形的斜邊圍成一個正方形；

它們的直角邊圍成了一個更大的正方形。（為甚麼？請讀者自證）

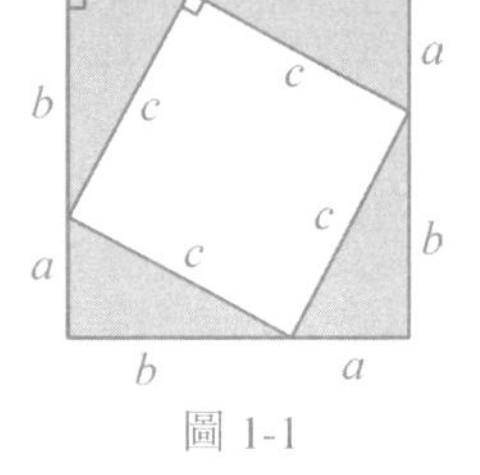

圖 1-1

設直角三角形兩直角邊分別為 a、b，斜邊為 c。圖中大正方形面積

$$S_{大} = (a+b)^2，$$

小正方形面積

$$S_{小} = c^2，$$

直角三角形面積 $S_{\Delta} = \dfrac{1}{2}ab$。顯然有

$$S_{大} = S_{小} + 4S_{\Delta}，$$

也就是

$$(a+b)^2 = c^2 + 2ab，$$

把等式的左邊展開，兩邊消去 $2ab$，便得勾股定理

$$a^2 + b^2 = c^2。$$

到目前，勾股定理常見的證明方法，已有數十種了，但其中最簡單的證法，仍然是利用面積關係。

勾股定理證法之二：

作直角 ΔABC 斜邊 AB 上的高 CD，得到三個相似三角形，即

$$\Delta ABC \sim \Delta ACD \sim \Delta CBD。$$

(為甚麼？請讀者自證)

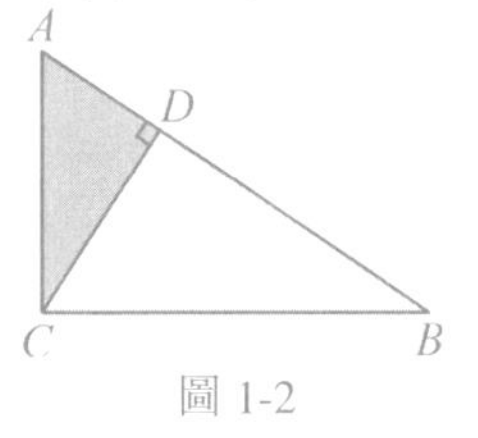

圖 1-2

根據相似三角形的面積與對應邊的平方成正比的定理，可得

$$S_{\Delta ABC} : S_{\Delta ACD} : S_{\Delta CBD} = AB^2 : AC^2 : BC^2。$$

也就是

$$S_{\Delta ABC} = kAB^2，S_{\Delta ACD} = kAC^2，S_{\Delta CBD} = kBC^2；$$

這裏 k 為正數。但是

$$S_{\Delta ABC}=S_{\Delta ACD}+S_{\Delta BCD},$$

因而

$$kAB^2=kAC^2+kBC^2,$$

也就是

$$AB^2=AC^2+BC^2。$$

用面積關係説明一些基本的恆等式或不等式，也是早就被許多教科書所採用的方法。例如，從圖 1-3 一眼便可看出恆等式 [1]

$$(x+y)^2-(x-y)^2=4xy,$$

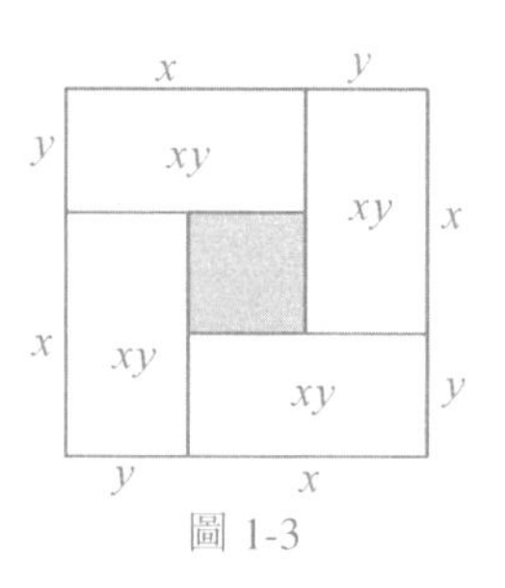

圖 1-3

由於 $(x-y)^2\geq 0$，從而得到不等式

$$(x+y)^2\geq 4xy,$$

或者化簡一下，得

$$x^2+y^2\geq 2xy。$$

當且僅當 $x=y$ 時等號才成立。

[1] 請注意：陰影部分的面積是 $(x-y)^2$。

生理學家和醫學家們的研究發現：我們大腦的兩個半球，左半球主要管抽象的東西——語言、邏輯、數位等，右半球主要管具體的東西——形象、圖畫、音樂等。把抽象的代數關係用具體的圖形表示出來，便動員了兩個半球同時工作，印象深、理解快、記得牢。用圖形表示代數關係的重要方法之一，便是用面積關係來聯繫的。

這本小冊子的目的，是試圖較為系統闡述用面積關係證明幾何命題的基本技巧和方法。

練習題一

1. 用面積關係表示下列恆等式：

(1) $(x+y)^2 = x^2 + 2xy + y^2$；

(2) $(x-y)^2 = x^2 - 2xy + y^2$。

2. 利用下列圖形，給出勾股定理的幾種證法。

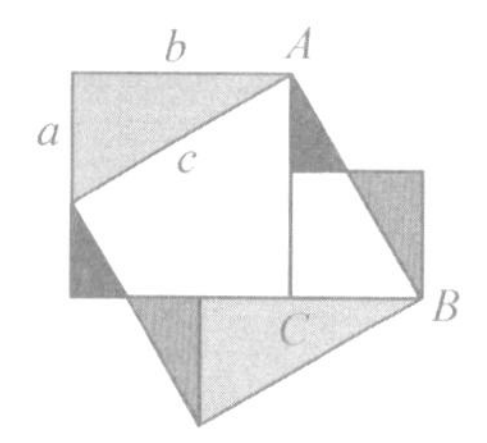

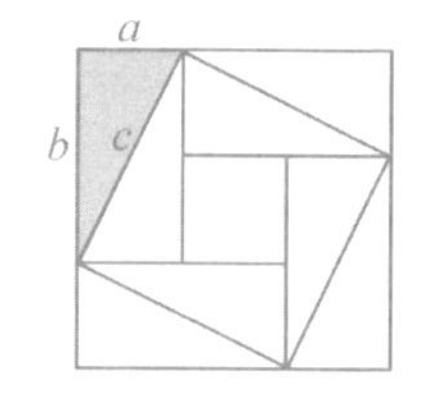

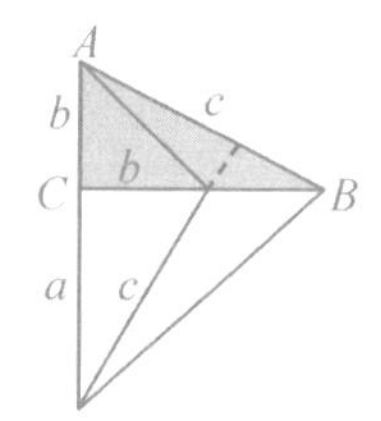

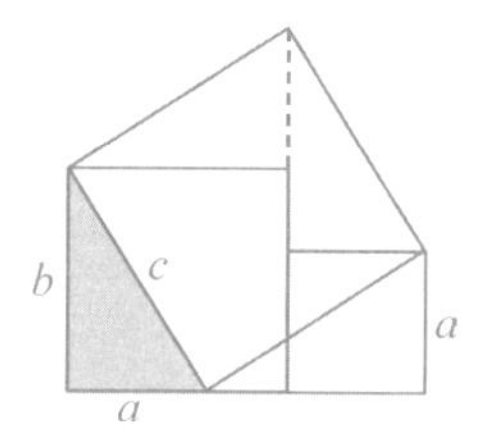

3. 用面積關係表示阿貝爾恆等式：

$$\begin{aligned} & a_1b_1 + a_2b_2 + \cdots + a_nb_n \\ = & a_1(b_1 - b_2) + (a_1 + a_2)(b_2 - b_3) + \cdots \\ & + (a_1 + a_2 + \cdots + a_{n-1})(b_{n-1} - b_n) \\ & + (a_1 + a_2 + \cdots + a_n)b_n \text{。} \end{aligned}$$

第二章

同一個面積的多種表示

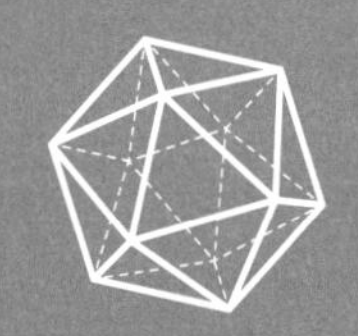

前面介紹的勾股定理的古老證法一雖然簡單，但它已體現了用面積關係證題的基本思想：用不同的方法計算同一塊面積，從而得到一個等式——這樣的等式我們把它叫做「面積方程」；再對這個「面積方程」進行整理或變換，以獲得我們所要的結果。

為了能夠列出各種各樣的面積方程，就要熟悉面積的計算方法。平面幾何中許多圖形，都可以分割成若干個三角形。於是，我們應當熟悉三角形面積的各種表示法。

按習慣，用 a、b、c 分別表示 ΔABC 的三個角 A、B、C 所對的邊，h_a、h_b、h_c 順次表示為 a、b、c 三條邊上的高，我們最熟悉的三角形面積公式是

$$\text{三角形面積} = \frac{1}{2}\cdot\text{底}\cdot\text{高}，$$

以後，為方便起見，我們用記號「ΔABC」表示三角形 ABC 本身，用 $S_{\Delta ABC}$ 表示它的面積。這樣做，上述公式便可清楚地記作

$$S_{\Delta ABC} = \frac{1}{2}ah_a = \frac{1}{2}bh_b = \frac{1}{2}ch_c。\tag{1}$$

對公式 (1) 略加改變，利用關係式

$$h_a = b\sin C$$

等代入，便得到了與角、邊都有聯繫的公式

$$S_{\Delta ABC} = \frac{1}{2}bc\sin A = \frac{1}{2}ac\sin B = \frac{1}{2}ab\sin C。\tag{2}$$

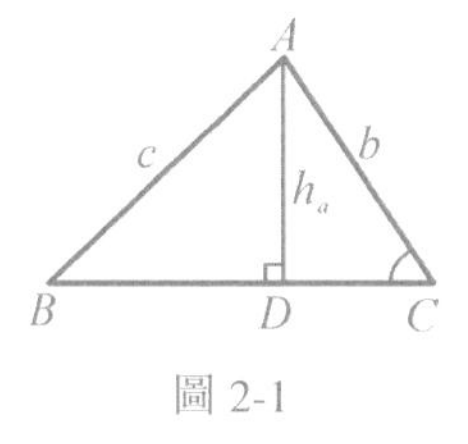

圖 2-1

這個公式，往往不被人們重視，其實，它的用處很大。因為它把平面幾何中三種最重要的度量——長度、角度、面積——緊密地聯繫在一起了。下面，我們很快可以看到公式 (2) 的重要性。

還有一個大家所熟知的海倫公式，即已知三角形三邊求面積的公式

$$S_{\Delta ABC}=\sqrt{s(s-a)(s-b)(s-c)}\text{。}^{①} \tag{3}$$

我們利用勾股定理可從公式 (1) 導出這個公式。事實上，在圖 2-1 中令 $BD=x$，那麼 $DC=a-x$。由勾股定理列出方程式

$$c^2-x^2=b^2-(a-x)^2\text{，}$$

展開後解得

$$x=\frac{a^2+c^2-b^2}{2a}\text{。}$$

$$\begin{aligned}\therefore\quad h_a^2&=c^2-x^2=\frac{1}{4a^2}[4a^2c^2-(a^2+c^2-b^2)^2]\\&=\frac{1}{4a^2}(2ac+a^2+c^2-b^2)(2ac-a^2-c^2+b^2)\\&=\frac{1}{4a^2}[(a+c)^2-b^2][b^2-(a-c)^2]\\&=\frac{1}{4a^2}(a+b+c)(a-b+c)(a+b-c)(-a+b+c)\\&=\frac{4}{a^2}s(s-a)(s-b)(s-c)\text{。}\end{aligned}$$

由此即得公式 (3)。

三角形的面積公式遠遠不止以上三個，還可以導出已知三條高、或三條中線、或三條角平分線、或兩角一邊、或一邊及另兩邊上的高、或一角一對邊及這邊上的中線等等求面積的公式。這樣的公式至少也有幾十種。但是，在應用面積關係解題時，有了這三個，也就足夠用了。

---

① $s=\frac{1}{2}(a+b+c)$ 表示 ΔABC 的周長的一半。

其他多種多樣的三角形面積公式，都可以直接或間接地由這三個基本公式導出。請看以下的兩個例子。

〔例 1〕 已知 ΔABC 兩邊 b、c 上的高為 h_b、h_c，及另一邊 a，求它的面積。

解　利用面積公式 (1)，得到

$$b=\frac{2\Delta}{h_b}, c=\frac{2\Delta}{h_c}\text{，}$$

這裏簡記 $S_{\Delta ABC}$ 為 Δ，代入海倫公式，得

$$\Delta=\frac{1}{4}\left[a+\left(\frac{1}{h_b}+\frac{1}{h_c}\right)2\Delta\right]^{\frac{1}{2}}\left[-a+\left(\frac{1}{h_b}+\frac{1}{h_c}\right)2\Delta\right]^{\frac{1}{2}}$$

$$\left[a+\left(\frac{1}{h_b}-\frac{1}{h_c}\right)2\Delta\right]^{\frac{1}{2}}\left[a-\left(\frac{1}{h_b}-\frac{1}{h_c}\right)2\Delta\right]^{\frac{1}{2}}\text{。}$$

$$\therefore\quad 16\Delta^2=\left[\left(\frac{1}{h_b}+\frac{1}{h_c}\right)^2 4\Delta^2-a^2\right]\left[a^2-\left(\frac{1}{h_b}-\frac{1}{h_c}\right)^2 4\Delta^2\right]\text{。}$$

展開後得方程式

$$16\left(\frac{1}{h_b^2}-\frac{1}{h_c^2}\right)^2\Delta^4-8\left[a^2\left(\frac{1}{h_b^2}+\frac{1}{h_c^2}\right)-2\right]\Delta^2+a^4=0\text{。}$$

解這個方程式，它的唯一的正實數根即為 ΔABC 的面積。以下從略。

〔例 2〕 已知 ΔABC 的三條中線為 m_a、m_b、m_c，求它的面積。

解　如圖 2-2 所示，設三條中線 AD、BE、CF 交於 P 點，由於

$$AP=\frac{2}{3}AD\text{，}$$

$$\therefore \quad S_{\Delta APF}=\frac{1}{2}S_{\Delta ABP}=\frac{1}{6}S_{\Delta ABC}。$$

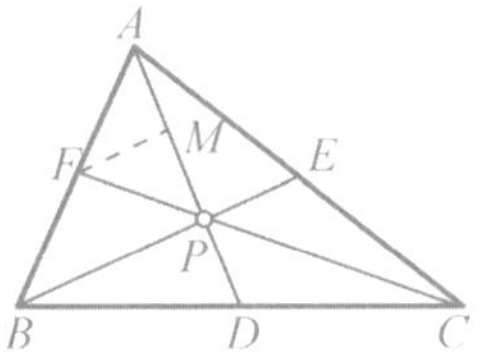

圖 2-2

取 AP 的中點 M，那麼

$$MP=\frac{1}{3}m_a，PF=\frac{1}{3}m_c，FM=\frac{1}{3}m_b。$$

而

$$S_{\Delta MPF}=\frac{1}{2}S_{\Delta APF}=\frac{1}{12}S_{\Delta ABC}。$$

於是由海倫公式可得

$$\frac{1}{12}S_{\Delta ABC}=S_{\Delta MPF}$$

$$=\frac{1}{9}\sqrt{m(m-m_a)(m-m_b)(m-m_c)}$$

$$\left(m=\frac{1}{2}(m_a+m_b+m_c)\right)。$$

$$\therefore \quad S_{\Delta ABC}=\frac{4}{3}\sqrt{m(m-m_a)(m-m_b)(m-m_c)}。$$

在上述的解法中，用到了中線的性質。這些性質也可以獨立地由面積關係導出。請讀者參看第九章的例 1。

練習題二

1. 已知 ΔABC 的三條高為 h_a、h_b、h_c，求它的面積和三邊。

2. 已知 ΔABC 的周長和內切圓的半徑，求它的面積。

3. 已知 ΔABC 的 a 邊及 B、C 兩角，求它的面積。

第三章

一個公式表示多種面積

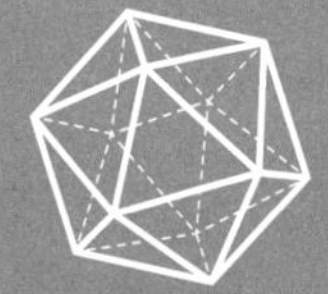

前面說過，面積公式 (2)

$$S_{\Delta ABC}=\frac{1}{2}bc\sin A=\frac{1}{2}ac\sin B=\frac{1}{2}ab\sin C$$

用途最廣，因為它把長度、角度和面積三種度量聯繫在一起了。另外，它還有一個有趣的特點——「一身而兼多任」可以表示好幾種圖形的面積。

本來，在公式

$$S_{\Delta ABC}=\frac{1}{2}ab\sin C$$

中，a、b 表示 ΔABC 中角 C 的兩夾邊。但我們稍加留心，便可發現，完全能夠給 a、b、C 以更廣義的解釋。

把這廣義的解釋寫成

〔命題 1〕　在 ΔABC 中，設 $BC=a$，在直線 BC 上任取一點 P，設 $AP=b^*$[①]，AP 與 BC 所成的角（鋭角或鈍角任取其一）為 C^*，那麼有

$$S_{\Delta ABC}=\frac{1}{2}ab^*\sin C^*。$$

證明　如果點 P 與 B、C 之一重合，所要證的就是前面的公式 (2)。如果不重合，不外有以下三種情形：

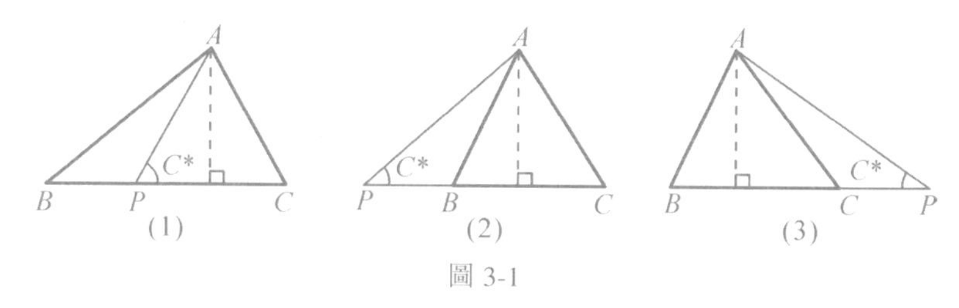

圖 3-1

① 我們把 AP 叫做 ΔABC 在 BC 邊上的斜高。

如圖 3-1(1) 的情形，直接用公式 (2)，有

$$\begin{aligned}S_{\Delta ABC} &= S_{\Delta ABP} + S_{\Delta APC} \\ &= \frac{1}{2}AP \cdot BP\sin C^* + \frac{1}{2}AP \cdot CP\sin C^* \\ &= \frac{1}{2}AP \cdot (BP + CP)\sin C^* \\ &= \frac{1}{2}AP \cdot BC\sin C^* \\ &= \frac{1}{2}ab^*\sin C^*\text{。}\end{aligned}$$

如圖 3-1(2) 的情形，可以由

$$S_{\Delta ABC} = S_{\Delta APC} - S_{\Delta APB}\text{。}$$

以下作類似推導可以證得

$$S_{\Delta ABC} = \frac{1}{2}ab^*\sin C^*\text{。}$$

如圖 3-1(3) 的情形也可類似地證明，這裏從略。

顯然，注意到圖中虛線所表示的高，也可以由正弦的定義及公式 (1) 推證這個命題。

命題 1 通常也稱為斜高公式。

進一步考慮：如果 P 點不在直線 BC 上，那麼又有甚麼結論呢？

〔命題 2〕　$ABPC$ 是四邊互不相交的四邊形，設 $BC = a$，$AP = b^*$，直線 AP 與 BC 相交所成的角及交點（銳角或鈍角任取其一）都設為 C^*。那麼四邊形 $ABPC$ 的面積

$$S_{ABPC} = \frac{1}{2}ab^*\sin C^*\text{。}$$

證明　四邊形 $ABPC$ 可分凸四邊形和凹四邊形兩種情形證明。

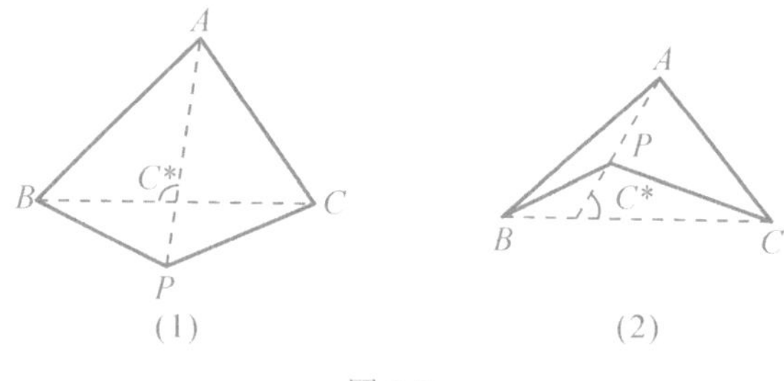

圖 3-2

如圖 3-2(1) 所示的凸四邊形的情形，

$$\begin{aligned}S_{ABPC} &= S_{\Delta ABC} + S_{\Delta PBC} \\ &= \frac{1}{2}BC \cdot AC^*\sin C + \frac{1}{2}BC \cdot PC^*\sin C^* \\ &= \frac{1}{2}BC \cdot (AC^* + PC^*)\sin C^* \\ &= \frac{1}{2}ab^*\sin C^*\text{。}\end{aligned}$$

如圖 3-2(2) 所示的凹四邊形情形，

$$S_{ABPC} = S_{\Delta ABC} - S_{\Delta PBC}\text{，}$$

作類似的推導，可證得

$$S_{ABPC} = \frac{1}{2}ab^*\sin C^*\text{。}$$

我們把四邊互不相交的四邊形叫做簡單四邊形。命題 2 可以敘述為簡單四邊形的面積，等於其對角線之積乘以對角線夾角的正弦之半。

對於非簡單四邊形，在習題中略作討論；當後面引入帶號面積再作統一處理。

練習題三

1. 試說明命題 1 及公式 (1)、公式 (2) 都可以看成命題 2 的特殊情形。

2. 如果四邊形 $ABPC$ 的兩邊 AB、PC 交於 Q，「對角線」AP、CB 之延長線交於 C^*。令 $BC = a$，$AP = b$，求證：

$$|S_{\Delta ACQ} - S_{\Delta BPQ}| = \frac{1}{2}ab\sin C^*。$$

第四章

面積公式小試鋒芒

我們已經熟悉了幾個基本的面積公式。現在，書歸正傳，談談如何利用面積關係解題。

先通過下面幾個小小例題，領略一下用面積關係解題的方法的風格。

〔例 1〕　在 ΔABC 中，如果 $a=b$，求證：a、b 兩邊上的高相等。

證明　由面積公式

$$S_{\Delta ABC}=\frac{1}{2}ah_a, S_{\Delta ABC}=\frac{1}{2}bh_b,$$

$\therefore$
$$\frac{1}{2}ah_a=\frac{1}{2}bh_b,$$

$\because$ $a=b$，將上式約去 $\frac{1}{2}a=\frac{1}{2}b$ ，

即得
$$h_a=h_b。$$

〔例 2〕　在 ΔABC 中，如果 $B=C$，求證：$b=c$。

證明　由面積公式

$$S_{\Delta ABC}=\frac{1}{2}ab\sin C，S_{\Delta ABC}=\frac{1}{2}ac\sin B，$$

$\therefore$
$$\frac{1}{2}ab\sin C=\frac{1}{2}ac\sin B。$$

$\because$ $B=C$，將上式約去 $\frac{1}{2}a\sin C=\frac{1}{2}a\sin B$ ，

即得
$$b=c。$$

〔例 3〕　已知 ΔABC 的兩邊 b、c 及角 A，求 A 的角平分線的長。

解　如圖 4-1 所示，寫出面積方程式

$$S_{\Delta ABC}=S_{\Delta \mathrm{I}}+S_{\Delta \mathrm{II}},$$

再用面積公式代入（令 $A=2\alpha$），得

$$\frac{1}{2}bc\sin 2\alpha = \frac{1}{2}c \cdot AD\sin\alpha + \frac{1}{2}b \cdot AD\sin\alpha ,$$

$$\therefore \quad AD = \frac{bc\sin 2\alpha}{(b+c)\sin\alpha} = \frac{2bc\cos\alpha}{b+c} 。$$

這幾個題，本來平常，利用面積方程來做，更顯得「不費工夫」！但是，利用面積方程對付比較複雜的題目，是不是也常常能夠奏效呢？請看下面的兩個例子。

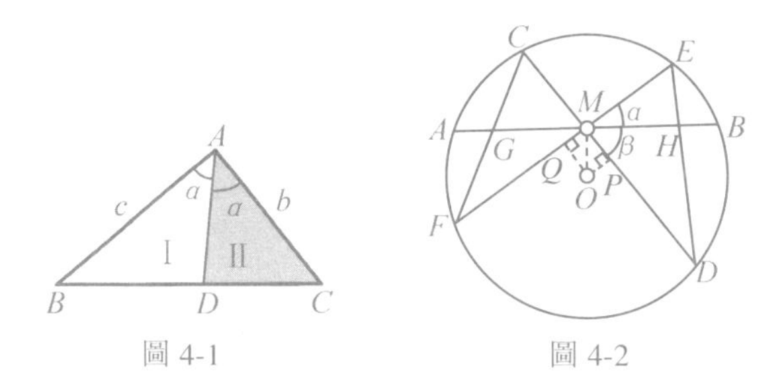

圖 4-1　　圖 4-2

〔例 4〕　已知⊙O 的弦 AB 的中點為 M；過 M 任作兩弦 CD、EF；連接 CF、DE 分別交 AB 於 G、H。求證：$MG = MH$。（圖 4-2）

這個題常被認為是平面幾何難題之一。用綜合法證明頗難入手，這裏我們利用面積方程來證明。

證明　列出與 MH 有關的面積方程

$$S_{\Delta MDE} = S_{\Delta MDH} + S_{\Delta MHE} 。$$

用面積公式代入，得

$$\begin{aligned} &\frac{1}{2}MD \cdot ME\sin(\alpha + \beta) \\ = &\frac{1}{2}MD \cdot MH\sin\beta + \frac{1}{2}ME \cdot MH\sin\alpha , \end{aligned}$$

這裏 $\alpha = \angle EMH$，$\beta = \angle DMH$。將上式約去 $\frac{1}{2}$ ，兩端除以 $MD \cdot ME \cdot MH$，得

$$\frac{\sin(\alpha+\beta)}{MH} = \frac{\sin\beta}{ME} + \frac{\sin\alpha}{MD}\ ; \tag{1}$$

同理

$$\frac{\sin(\alpha+\beta)}{MG} = \frac{\sin\beta}{MF} + \frac{\sin\alpha}{MC}\ 。 \tag{2}$$

(1) − (2)，得

$$\begin{aligned}&\sin(\alpha+\beta)\left(\frac{1}{MH} - \frac{1}{MG}\right)\\ &= \frac{\sin\beta}{ME \cdot MF}(MF - ME) - \frac{\sin\alpha}{MC \cdot MD}(MD - MC)\ 。\end{aligned} \tag{3}$$

設 P、Q 分別是 DC、EF 的中點，那麼顯然有

$$\left.\begin{aligned}MF - ME = 2MQ = 2MO\sin\alpha\ ,\\ MD - MC = 2MP = 2MO\sin\beta\ 。\end{aligned}\right\} \tag{4}$$

把 (4) 代入 (3) 的右邊，因為 $ME \cdot MF = MC \cdot MD$，所以 (3) 式的右邊為零，即

$$\sin(\alpha+\beta)\left(\frac{1}{MH} - \frac{1}{MG}\right) = 0$$

又 $$\sin(\alpha+\beta) \neq 0,$$

$\therefore$ $$\frac{1}{MH} - \frac{1}{MG} = 0\ 。$$

又 MH 和 MG 都不為零，所以 $MH = MG$。

下面的例題，被稱為射影幾何基本定理。

〔例 5〕 已知四邊形 $ABCD$ 兩對對邊的延長線分別交於 K、L；過 K、L 作直線，對角線 AC、BD 之延長線分別交 KL 於 G、F。（圖 4-3）

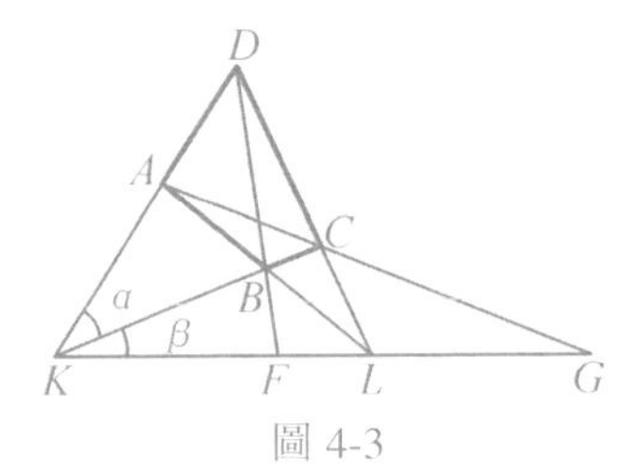

圖 4-3

求證：$LF : KF = LG : KG$。

證明 令 $KA=a$，$KB=b$，$KC=c$，⋯，$KL=l$；$\angle DKC=\alpha$，$\angle CKG=\beta$。由於 $LF=l-f$，$LG=g-l$，所以將要證明的式子變形為

$$\frac{l-f}{f}=\frac{g-l}{g}\text{，即 }\frac{l}{f}-1=1-\frac{l}{g}\text{，}$$

也就是

$$\frac{1}{f}+\frac{1}{g}=\frac{2}{l}\text{。}$$

下面來證明這個等式。

列出面積方程式

$$S_{\Delta AKL}=S_{\Delta AKB}+S_{\Delta BKL}\text{，}$$

並用面積公式代入，得

$$\frac{1}{2}al\sin(\alpha+\beta)=\frac{1}{2}ab\sin\alpha+\frac{1}{2}bl\sin\beta\text{，}$$

兩端除以 $\frac{1}{2}abl$，得

$$\frac{\sin(\alpha+\beta)}{b}=\frac{\sin\alpha}{l}+\frac{\sin\beta}{a}\text{。} \qquad (1)$$

類似地，列出關於 ΔDKL、ΔDKF、ΔAKG 的三個面積方程式

$$\frac{\sin(\alpha+\beta)}{c}=\frac{\sin\alpha}{l}+\frac{\sin\beta}{d}\ ; \tag{2}$$

$$\frac{\sin(\alpha+\beta)}{b}=\frac{\sin\alpha}{f}+\frac{\sin\beta}{d}\ ; \tag{3}$$

$$\frac{\sin(\alpha+\beta)}{c}=\frac{\sin\alpha}{g}+\frac{\sin\beta}{a}\ 。 \tag{4}$$

$(1)+(2)-(3)-(4)$，得

$$0=\frac{2\sin\alpha}{l}-\frac{\sin\alpha}{f}-\frac{\sin\alpha}{g}\ 。$$

約去 $\sin\alpha$ ，移項，即得 $\frac{1}{f}+\frac{1}{g}=\frac{2}{l}$ 。

從以上幾例可以看出，運用面積關係解題，具有簡捷、明快的代數風格。較少添輔助線，有時甚至不用作圖，只要寫出適當的面積方程，問題常可迎刃而解。

但是，以上幾例是不是偶然碰巧可用面積關係來解呢？用面積關係能不能對付一般的、大量的幾何題呢？

練習題四

1. 求證：在三角形中，大邊上的高較短。
2. 求證：在三角形中，較大的角的角平分線較短。由此推出斯坦納－雷米歐司（Steiner-Lehmus）定理：如果三角形的兩分角線相等，那麼它是等腰三角形。
3. 在圖 4-1 中，試證明：$\frac{b}{c}=\frac{DC}{DB}$。
4. 在例 5 中，如果 $AC // KL$，試證：F 是 KL 的中點。
5. 在 ΔABC 內任取一點 P，連接 AP、BP、CP 分別交對邊於 D、E、F。EF 交 AP 於 Q。求證：$\frac{PQ}{PD}=\frac{AQ}{AD}$。

第五章

它可以導出許多基本定理

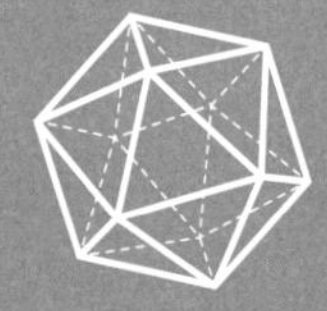

為了說明以上所舉的例子並非偶然碰巧，在這一節裏，我們用面積公式導出一系列最基本的幾何定理和三角關係式。

從面積公式 (2) 可得下面的定理。

正弦定理　在任意三角形 ABC 中，有 $\dfrac{\sin A}{a}=\dfrac{\sin B}{b}=\dfrac{\sin C}{c}=\dfrac{2S_{\Delta ABC}}{abc}$。

證明請讀者自己完成。

在上一章例 3、例 4、例 5 中，我們已經採用把一個三角形分為兩個小三角形，分別求面積，令其相等的手段來證明一些命題。這是今後常用的一種方法。為使用方便起見，我們把這個方法所獲得的結論寫成命題的形式，稱它為**張角關係**[1]，即：

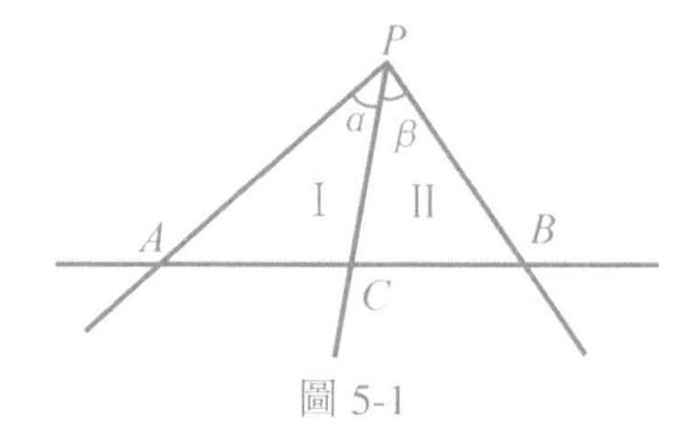

圖 5-1

〔命題 1〕　由點 P 發出的三射線 PA、PB、PC；$\angle APC=\alpha$，$\angle CPB=\beta$，$\angle APB=\alpha+\beta<180°$。那麼 A、B、C 三點在一直線上的充分必要條件是

$$\frac{\sin(\alpha+\beta)}{PC}=\frac{\sin\alpha}{PB}+\frac{\sin\beta}{PA}。\tag{1}$$

[1] 這個命題是關於視點 P 對 A、B、C 三點的張角數量關係的描述。

證明　如果 A、B、C 三點共線，那麼

$$S_{\Delta PAB}=S_{\Delta \mathrm{I}}+S_{\Delta \mathrm{II}}$$

$$\therefore \quad \frac{1}{2}PA\cdot PB\sin(\alpha+\beta)$$

$$=\frac{1}{2}PA\cdot PC\sin\alpha+\frac{1}{2}PB\cdot PC\sin\beta 。$$

兩邊同除以 $\frac{1}{2}PA\cdot PB\cdot PC$，即得所要證的等式。

反之，如果命題中等式成立，那麼反推可得面積方程

$$S_{\Delta PAB}=S_{\Delta \mathrm{I}}+S_{\Delta \mathrm{II}}，$$

這說明：

$$S_{\Delta ABC}=|S_{\Delta PAB}-S_{\Delta \mathrm{I}}-S_{\Delta \mathrm{II}}|=0，$$

即 A、B、C 三點共線。

在命題 1（張角關係）中，取特殊情況可以證明下面的定理。

正弦加法定理　如果 α、β 均為銳角，那麼

$$\sin(\alpha+\beta)=\sin\alpha\cos\beta+\cos\alpha\sin\beta 。$$

證明　在命題 1 中，取 $PC\perp AB$ 的特殊情形，那麼當 C 為垂足時，有

$$\frac{PC}{PB}=\cos\beta，\frac{PC}{PA}=\cos\alpha， \tag{2}$$

將 (1) 式乘以 PC，並將 (2) 式代入 (1) 式，即得加法定理。

正弦加法定理是三角關係式中最基本的一個恆等式。常見的書上的證法不僅比這裏複雜，而且將 $\alpha+\beta$ 在 90° 的範圍內，這裏只要 α、β 分別是銳角就可以了。當然，應用了任意角三角函數定義及誘導公式後，不難把和角公式推廣到任意角。

還可以直接從面積關係出發導出正弦減法定理。

正弦減法定理　如果 $0 \leq \beta \leq \alpha < 90°$，那麼有

$$\sin(\alpha - \beta) = \sin\alpha\cos\beta - \cos\alpha\sin\beta。$$

證明　作 ΔPAC 使 $\angle C = 90°$，令 $\angle APC = \alpha$；在 AC 上取點 B，令 $\angle BPC = \beta$。

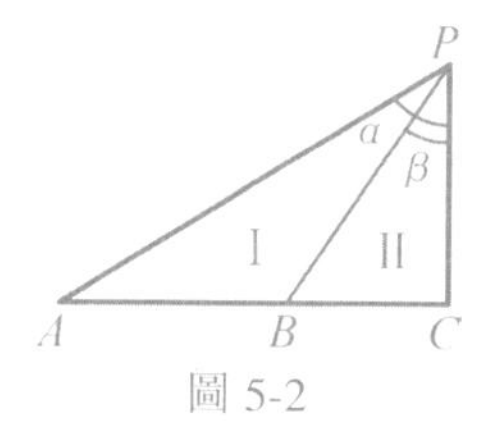

圖 5-2

列出面積方程

$$S_{\Delta \mathrm{I}} = S_{\Delta APC} - S_{\Delta \mathrm{II}}。$$

$$\therefore \quad \frac{1}{2}PA \cdot PB\sin(\alpha - \beta) = \frac{1}{2}PA \cdot PC\sin\alpha - \frac{1}{2}PB \cdot PC\sin\beta，$$

兩邊同除以 $\frac{1}{2}PA \cdot PB$，得

$$\sin(\alpha - \beta) = \frac{PC}{PB}\sin\alpha - \frac{PC}{PA}\sin\beta，$$

再以 $\frac{PC}{PB} = \cos\beta$、$\frac{PC}{PA} = \cos\alpha$ 代入上式，即得減法定理。

容易把正弦減法定理推廣到 α、β 為任意角的情形。這裏不再贅述。

按照通常的方法，可以從正弦加法及減法定理導出和差化積、積化和差、倍角公式、半形公式以及餘弦與正切的加法定理和減法定理。總之，一整套關於三角函數的基本恆等式，可以從面積關係出發而推得。

我們從命題 1（張角關係）出發，還可以得到一個比加法定理更廣泛的三角恆等式[①]，即：

如果 $\alpha+\beta+\gamma+\delta=180°$，求證：

$$\sin(\alpha+\beta)\sin(\beta+\gamma)=\sin\alpha\sin\gamma+\sin\beta\sin\delta。$$

證明　在圖 5-1 中，令 $\angle PAB=\delta$，$\angle PBA=\gamma$，$\angle PCA=t$，利用正弦定理

$$\frac{PC}{PB}=\frac{\sin\gamma}{\sin t},\frac{PC}{PA}=\frac{\sin\delta}{\sin t}$$

代入張角關係式，得

$$\sin(\alpha+\beta)=\frac{\sin\gamma}{\sin t}\sin\alpha+\frac{\sin\delta}{\sin t}\sin\beta,$$

再用 $t=\beta+\gamma$ 代入上式，即得所要證的等式。

這個恆等式也可以用加法定理來驗證。有興趣的讀者不妨一試。

前面已用面積關係導出了勾股定理。從勾股定理可以推出廣勾股定理——餘弦定理。但是，餘弦定理可以從其他途徑得到。下面介紹一種運用面積關係證明餘弦定理的方法。

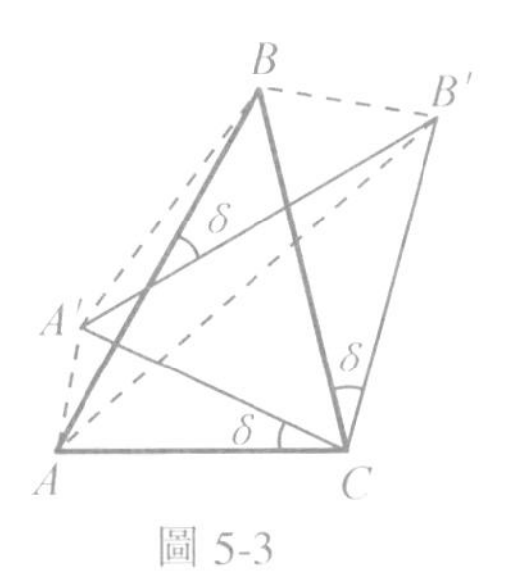

圖 5-3

① 後面將看到，從這個恆等式可以輕易地導出著名的托勒密定理。

餘弦定理　在 ΔABC 中，有

$$c^2 = a^2 + b^2 - 2ab\cos C。$$

證明　如圖 5-3，把 ΔABC 繞 C 點旋轉一個小角度 δ，得到 $\Delta A'B'C' \cong \Delta ABC$。

寫出面積方程式

$$S_{AA'BB'} = S_{\Delta AA'C} + S_{\Delta BB'C} + S_{\Delta A'BC} - S_{\Delta AB'C},$$

利用四邊形面積公式（第三章命題 2）得

$$\begin{aligned}&\frac{1}{2}AB \cdot A'B'\sin\delta \\ &= \frac{1}{2}AC \cdot A'C\sin\delta + \frac{1}{2}BC \cdot B'C\sin\delta \\ &\quad + \frac{1}{2}A'C \cdot BC\sin(C-\delta) - \frac{1}{2}AC \cdot B'C\sin(C+\delta)。\end{aligned}$$

這裏，$AB = A'B' = c$，$AC = A'C = b$，$BC = B'C = a$，

$$\begin{aligned}\therefore \quad c^2\sin\delta &= b^2\sin\delta + a^2\sin\delta + ab(\sin C\cos\delta - \cos C\sin\delta) \\ &\quad - ab(\sin C\cos\delta + \cos C\sin\delta),\end{aligned}$$

整理後約去 $\sin\delta$，即得所要證的結果。

這種證法頗為有趣，但實際上 $AA'BB'$ 可能不是凸四邊形而是凹四邊形，甚至可能是非簡單四邊形。但不論哪種情形，上面的推理都行得通，這裏不再一一分析。

此外，證明中有一個角度 δ 可以任取。每取一個特殊的 δ，只要 $\sin\delta \neq 0$，便可得到一個證明。取 $\delta = 90°$ 或 $\delta = C$ 時，證明變得更為簡單。這留給讀者作為習題。

上面，我們應用面積關係導出了正弦定理、加法定理、餘弦定理等一系列基本定理。由此不但可以建立一整套三角恆等式，而且輕而

易舉地可得到兩三角形全等及相似的各判別條件。因為平面幾何中相當一部分問題，最後歸結為研究三角形性質的問題。正弦定理、餘弦定理，反映了一個三角形內部的邊角關係，而全等與相似反映了兩三角形之間的邊角關係。所有這些，都是幾何解題中不可缺少的工具。由此可見，運用面積關係解平面幾何題，絕不是偶然的，它是平面幾何中一種重要的基本方法。

練習題五

1. 應用正弦定理和餘弦定理導出兩三角形全等、相似的判別條件。
2. 在命題 2 中，如果 α、β 為任意角，結論是否成立？成立時如何證明？
3. 直接用面積關係證明：正弦和角公式當 α、β 中有一鈍角時仍成立。
4. 直接用面積關係證明倍角公式 $\sin 2\alpha = 2\sin\alpha\cos\alpha$。
5. 直接用面積關係證明和差化積的公式

$$\sin\alpha + \sin\beta = 2\sin\frac{\alpha+\beta}{2}\cos\frac{\alpha-\beta}{2}。$$

6. 從正弦定理、加法定理以及三角形內角和定理出發，導出餘弦定理（不需畫圖）。

第六章
初步小結

我們回顧一下已做過的題，雖然數量不多。但已可看出：用面積關係解題，具有「以不變應萬變」的特點。任你千變萬化，我有固定的程式可循，就是：第一步，列出面積方程；第二步，用面積公式代入面積方程；第三步，整理所得等式以引向所要的結論。

但是，具體做起來，卻要有點技巧。在第四章的例 4 和例 5 中，技巧性很強。其中，第一步最不易想到，因為，在一道幾何題中，通常有好幾塊面積，究竟利用哪一塊面積或哪幾塊面積來列出面積方程？如果不通盤考慮，是頗難確定的。有時只要列一個方程就夠了，有時需要列幾個。多列了，自找麻煩，少列了，又解不出來，便要因題而異。如例4列了兩個面積方程，例5列了四個面積方程，其他都只列了一個。可見情形是多變的，但是儘管如此，還可以有那麼幾條規律：

1. 列面積方程時，要找那些與題設、結論有密切關係的面積，特別是三角形面積。實在需要，也可以找某個四邊形面積。因為三角形和四邊形的面積便於計算。

2. 面積方程中常常出現一些與結論無關的量，這些量最後要消掉。有時在一個方程式中消不掉，就得多列一些方程式。特別是在一個方程式中不能把結論中出現的量都聯繫上時，就得再列一些，務必把結論中的量都聯繫上。

3. 列多個面積方程時，要使不同的方程式中出現相同的量，才便於消去。列一個面積方程時，也要使不同的項聯繫某些相同的量，才便於整理。例如：例 4 中的兩個方程式都與 α，β，$(\alpha+\beta)$ 有聯繫。例 5 中的四個方程式都與 α，β，$(\alpha+\beta)$ 有聯繫，而且同一線段常常在兩個方程式中出現；另外，在第二章例 1 與第四章例 4 的方程式中，不同的項與相同的量相關聯。

以上三點，也只是大概的要求。具體解題時，常常要試算一次或幾次才能找到適用的面積方程式。

面積方程式列出後，第二步便是用面積公式代入。這一步相對來說較易掌握。通常總是用公式 (1) 或公式 (2)，特別是公式 (2)。原則上所選公式儘量使與問題無關的參變數個數少一些，這在列出面積方程式之後，是不難選擇的。

第三步，消去無關的變數而導出所要的結論。到這步似乎已經不是一個幾何問題而是代數問題了，但是，相當多的情況下，還要利用題設的幾何條件。如在第四章例 4 中，化到最後要利用兩弦的中點 P、Q 的性質；在第五章導出正弦加法定理和減法定理的過程中，要利用餘弦定義代入，等等。

總之，第一步，選擇面積方程式是關鍵。選得恰當，解題就很順利。

這裏列出幾類常用的基本面積方程式作為參考：

第一類，也是最簡單的一類，是用不同的方法計算同一個三角形面積。如第四章的例 1、例 2，第五章提到的正弦定理的證法用的都是這種方法。

第二類，是用途最廣泛的一類。在一個三角形邊上取一點， 把它分成兩個三角形來計算，再使兩三角形面積的和與整個三角形面積相等。如第四章的例 3、例 4、例 5 以及第五章的張角關係、加法定理和三角恆等式等都屬於這一類。今後，遇到這種情況，我們常常直接用張角關係，特別是它的必要條件[①] 進行計算。

---

① 如果 C 點在線段 AB 上，而 P 點關於線段 AC、BC 的張角分別為 α、β，那麼 $\dfrac{\sin(\alpha+\beta)}{PC}=\dfrac{\sin\alpha}{PB}+\dfrac{\sin\beta}{PA}$。

第三類，使兩個三角形的面積的比等於某兩個線段的比。這類方程式在比例問題中用處很大，前面還沒用到，將在第八章舉例介紹。這裏，我們先講一個一般命題，提請讀者重視。

比例定理　如果直線 PQ 交直線 AB 於 M，那麼

$$\frac{S_{\Delta PAB}}{S_{\Delta QAB}}=\frac{PM}{QM}。$$

這裏，點 P、Q、A、B 種種不同的位置如圖 6-1 所示：

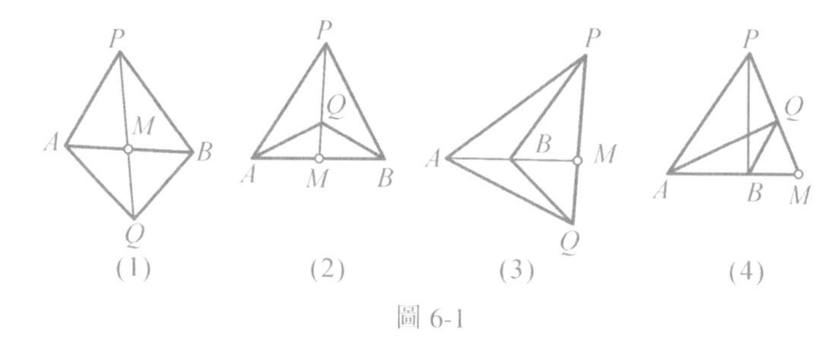

圖 6-1

其中 (3)、(4) 位置的比例關係很易被忽略。這條定理可由斜高公式（第 14 頁）直接導出，證明從略。

在這條定理中，當點 M 與點 A 或 B 重合時，便得到常用的命題：「共高的兩三角形面積的比等於底的比」；當 $PQ\perp AB$ 時，便得到「共底的兩三角形面積的比等於高的比」。

第四類，其他。如把一個三角形劃分為三個三角形；把四邊形用不同的方法分成兩個三角形；把一個多邊形分成幾個多邊形；等等。這些方法在個別題目中也會用到，但其中最常用的是，把三角形從中間一點向各頂點連線，一剖為三的方法。這個方法經過推廣、完善，可以發展為「面積坐標系」的一般理論。在本書末尾我們將作簡單的介紹。

總之：

我們的出發點——三角形面積公式，特別是公式 (2)：

$$S_{\Delta ABC}=\frac{1}{2}ab\sin C。$$

我們常用的基本工具——斜高公式、張角關係、比例定理，特別是張角關係。

我們的解題程式——列出面積方程，用面積公式代入，消去無用的參變量。其中，關鍵是如何選擇適當的面積方程。

第七章
證明長度或
角度相等

證明長度相等通常是利用全等三角形的對應邊相等及其推廣命題：如，平行四邊形的對邊相等，底角相等的三角形其腰相等，等等。當所給的圖形中看不出這些條件時，不妨試用面積關係來證明。

〔證題術 1〕　要證兩條線段等長，可設法從證明分別含有這兩線段之一的兩三角形等積問題入手。例如，證明分別以這兩線段為底且等高的某兩個三角形等積。一般情形下，可注意應用斜高公式以簡化證明。

〔例 1〕　在 ΔABC 的兩邊 AB、AC 上分別向形外作矩形 $ACGH$, $BAFE$, 且 $\square ACGH \sim \square BAFE$。延長 BC 邊上的高 DA，交 FH 於 M。求證：$MH = MF$。

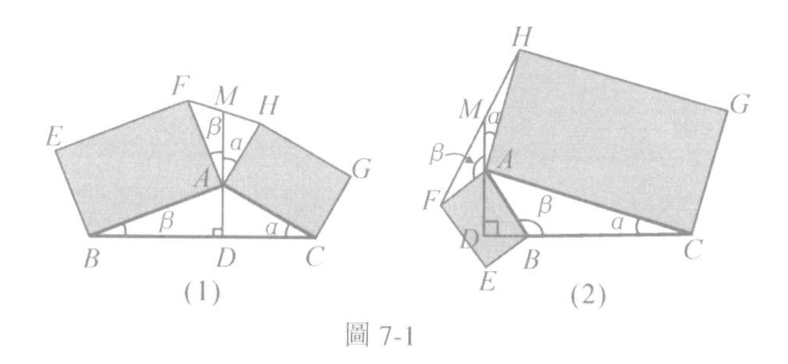

圖 7-1

證明　分兩種情形：D 點在 BC 上［圖 7-1(1)］，或 D 點在 CB 的延長線上［圖 7-1(2)］。

顯然，這兩種情形都只需證明 ΔMHA 和 ΔMFA 等積就可以了。令 $\angle MAH = \alpha$，$\angle MAF = \beta$，那麼

$$\frac{MH}{MF} = \frac{S_{\Delta MHA}}{S_{\Delta MFA}} = \frac{AH \cdot AM\sin\alpha}{AF \cdot AM\sin\beta} = \frac{AH\sin\alpha}{AF\sin\beta},$$

又 $\square ACGH \sim \square BAFE$，所以

$$\frac{AH}{AF} = \frac{AC}{AB},$$

已知 $\angle ACB=\alpha$，$\angle ABC=\beta$，所以

$$\frac{MH}{MF}=\frac{AC\sin\alpha}{AB\sin\beta}=\frac{AD}{AD}=1,$$

即 $$MH=MF。$$

〔例 2〕 BC 是等腰直角 ΔABC 的斜邊，在 BC 上取 D，使 $DC=\frac{1}{3}BC$，作 BC 垂直 AD 交 AC 於 E。求證：$AE=EC$。（圖 7-2）

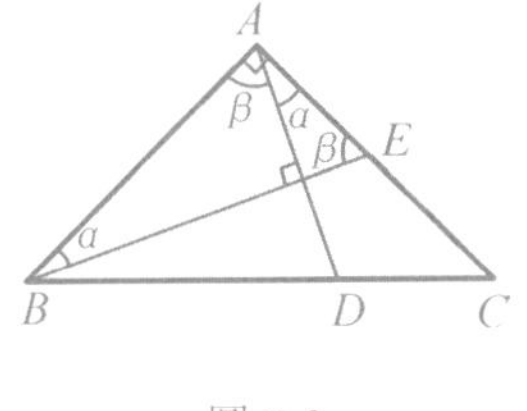

圖 7-2

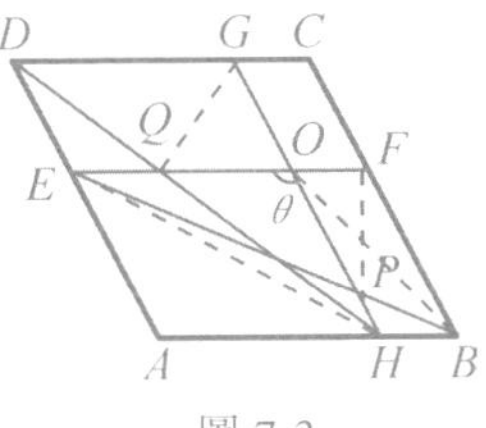

圖 7-3

證明 令 $\angle DAE=\alpha$，$\angle DAB=\beta$，由 $BE\perp AD$，

$\therefore$ $$\angle ABE=\alpha，\angle AEB=\beta，$$

根據比例定理，有

$$\frac{DC}{BD}=\frac{S_{\Delta ADC}}{S_{\Delta ADB}}=\frac{AC\cdot AD\sin\alpha}{AB\cdot AD\sin\beta}=\frac{\sin\alpha}{\sin\beta}=\frac{AE}{AB}=\frac{AE}{AC},$$

$\because$ $$DC=\frac{1}{3}BC，$$

$\therefore$ $$BD=2DC，$$

$\therefore$ $$AC=2AE，$$

即 $$AE=EC。$$

〔例 3〕 在 $\square ABCD$ 內取一點 O，過 O 點作 $EF\parallel AB$，$GH\parallel BC$，交各邊於 H、F、G、E（圖 7-3）。連接 BE、HD，分別交 GH、EF 於 P、Q。並且 $PO=QO$，求證：$ABCD$ 為菱形。

分析　要證 $AB = BC$，就是要證 $EF = HG$，只需證明 $\Delta PEF = \Delta QGH$。

證明　令 $\angle POQ = \theta$，由斜高公式，

$$S_{\Delta PEF} = \frac{1}{2}PO \cdot EF\sin\theta, S_{\Delta QGH} = \frac{1}{2}HG \cdot QO\sin\theta,$$

∵ $BF \parallel HO$，

∴ $S_{\Delta FOP} = S_{\Delta BOP}$，

∴ $S_{\Delta PFE} = S_{\Delta BOE}$。

又∵ $BH \parallel OE$，

∴ $S_{\Delta BOE} = S_{\Delta HOE}$，

∴ $S_{\Delta PFE} = S_{\Delta HOE}$，

同理可證 $S_{\Delta QHG} = S_{\Delta HOE}$，

∴ $S_{\Delta PFE} = S_{\Delta QHG}$。

∵ $OP = OQ$，

∴ $EF = GH$。

證明角度相等，通常是利用相似三角形性質、平行線性質、圓周角定理或三角形的內角和關係等。但有時不容易發現這些關係，可試從面積方程式來入手。

〔證題術 2〕　要證兩角相等，可將分別含有這兩角的三角形面積相比，然後將比值化為僅含有線段的比例式，設法從這個等式中約去某些因式，以證明這兩角的正弦相等。

〔例 4〕　設 $ABCD$ 是平行四邊形，分別在 AB、AD 邊上取 F、E 使 $DF = BE$，DF 與 BE 交於 P。求證：$\angle DPC = \angle BPC$。（圖 7-4）

分析　因為含有 $\angle DPC$、$\angle BPC$ 的三角形是 ΔDPC 和 ΔBPC，所以我們可從這兩個三角形的面積比入手。

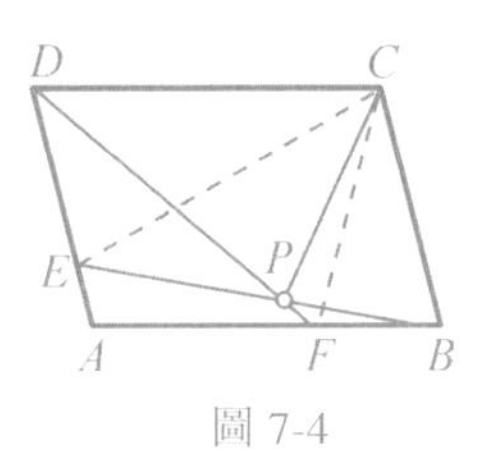

圖 7-4

證明

$$\because \quad \frac{PD\cdot PC\sin\angle DPC}{PB\cdot PC\sin\angle BPC}$$

$$=\frac{S_{\Delta DPC}}{S_{\Delta BPC}}=\frac{S_{\Delta DPC}}{S_{ABCD}}\cdot\frac{S_{ABCD}}{S_{\Delta BPC}}$$

$$=\frac{S_{\Delta DPC}}{2S_{\Delta DFC}}\cdot\frac{2S_{\Delta BEC}}{S_{\Delta BPC}}=\frac{DP}{DF}\cdot\frac{BE}{BP}=\frac{DP}{BP},$$

$$\therefore \quad \sin\angle DPC=\sin\angle BPC。$$

又 $$\angle DPC+\angle BPC<180^\circ,$$

$$\therefore \quad \angle DPC=\angle BPC。$$

〔例 5〕　在凸四邊形 $ABCD$ 中，已知 $AB=CD$，E、F 分別是 AD、BC 的中點。延長 BA、CD，分別交 EF 的延長線於 P、Q。求證：$\angle APE=\angle CQE$。（圖 7-5）

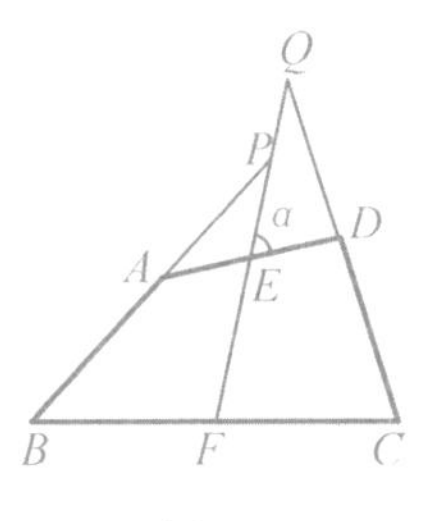

圖 7-5

證明　由面積公式

$$S_{\Delta PAE}=\frac{1}{2}AP\cdot PE\sin\angle APE$$

$$=\frac{1}{2}AE\cdot PE\sin\alpha,$$

$$S_{\Delta QDE}=\frac{1}{2}DQ\cdot QE\sin Q$$

$$=\frac{1}{2}DE\cdot QE\sin\alpha,$$

兩式相比，得

$$\frac{AP \cdot PE\sin\angle APE}{DQ \cdot QE\sin Q}=\frac{AE \cdot PE\sin\alpha}{DE \cdot QE\sin\alpha}=\frac{PE}{QE},$$

∴ $$AP\sin\angle APE = DQ\sin Q。$$

同理 $$BP\sin\angle APE = CQ\sin Q，$$

兩式相減，得

$$(BP-AP)\sin\angle APE=(CQ-DQ)\sin Q，$$

∴ $$AB\sin\angle APE = CD\sin Q。$$

∵ $$AB = CD，$$

∴ $$\sin\angle APE = \sin Q。$$

即 $$\angle APE = \angle CQE。$$

證明兩角相等有時也要硬算，如：

〔例 6〕 在直角 ΔABC 中，BC 為 AB 的 4 倍。延長 BA 至 D 使 $AD=\frac{1}{7}AB$。再作斜邊上的高 BE 延長後交 CD 於 F。求證：$\angle DAF=\angle BAC$。（圖 7-6）

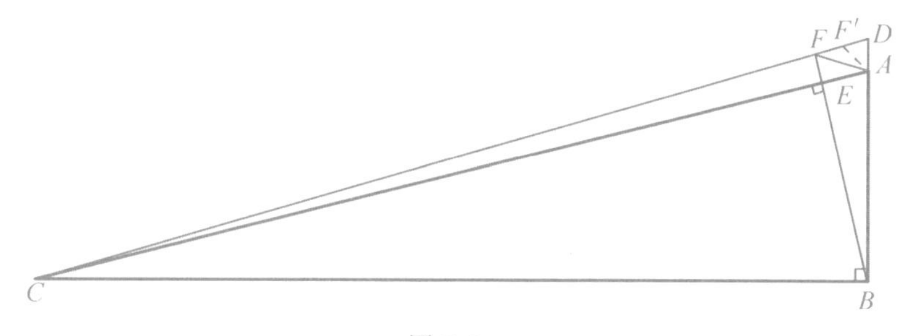

圖 7-6

證明　在 ΔABC 中，$\angle ABE = \angle ACB$，$\angle CBE = \angle BAC$；由面積公式及題設，得

$$\frac{DF}{CF} = \frac{S_{\Delta BDF}}{S_{\Delta BCF}} = \frac{BD \cdot BF\sin\angle ABE}{BC \cdot BF\sin\angle CBE}$$

$$= \frac{8}{28} \cdot \tan\angle ACB = \frac{1}{14},$$

在 CD 上取 F'，使 $\angle F'AD = \angle BAC$，那麼

$$\frac{DF'}{CF'} = \frac{S_{\Delta ADF'}}{S_{\Delta ACF'}} = \frac{AD \cdot AF'\sin\angle F'AD}{AC \cdot AF'\sin\angle CAF'}$$

$$= \frac{AD\sin\angle BAC}{AC\sin(180° - 2\angle BAC)}$$

$$= \frac{AD}{2AC\cos\angle BAC}$$

$$= \frac{AB}{7} \cdot \frac{1}{2AB}$$

$$= \frac{1}{14}。$$

$\therefore$ F 與 F' 重合，即 $\angle DAF = \angle DAF' = \angle BAC$。

練習題六

1. 證明例 1 的逆命題：如果 M 為 FH 的中點，求證：$AM \perp BC$。（其餘條件參看例 1）
2. BH、CF 為同一圓內的兩弦。$BH \perp CF$，垂足為 A。ΔABC 的高 AD 延長線交 FH 於 M，求證：$MF = MH$。
3. 梯形 $ABCD$ 的對角線 AC、BD 相交於 P。過 P 作梯形下底 AB 的平行線交兩腰於 M、N。求證：$MP = NP$。
4. 在直角 ΔABC 的兩腰 AC、BC 上分別作正方形 $ACDE$ 和 $CBFG$，連接 AF、BE 分別交 BC、AC 於 Q、P。求證：$PC = QC$。

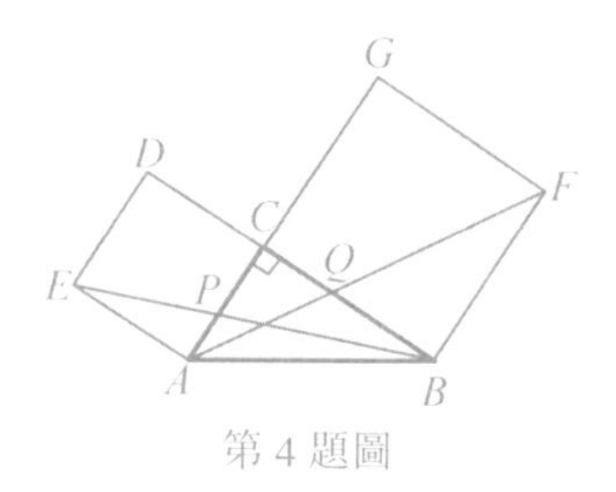

第 4 題圖

5. 在正方形 $ABCD$ 內取一點 P，使 $\angle PAB = \angle PBA = 15°$。求證：$PD = AB$。
6. 如圖，已知等腰 ΔABC，底邊 BC 上的高為 AD，以 AD 為直徑作圓。過 B、C 分別作圓的切線切於 E、F。EF 交 AD 於 M，交 AC 於 N。求證：$MN = NF$。

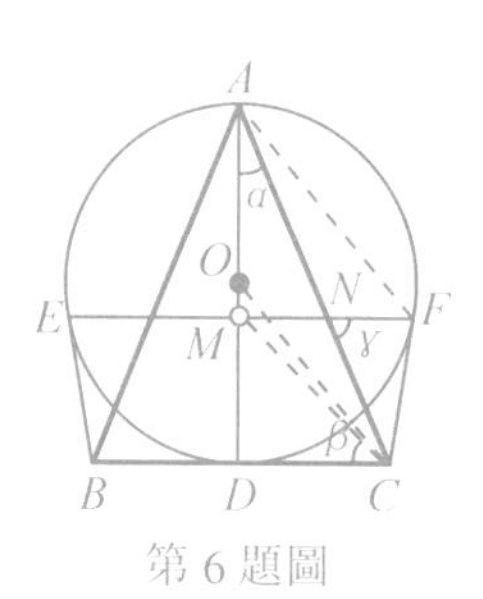

第 6 題圖

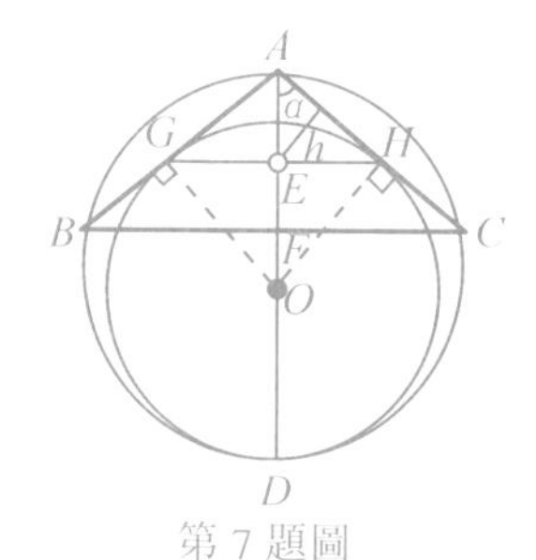

第 7 題圖

7. 如圖，等腰 ΔABC 內接於圓。又 $\odot O$ 與 ΔABC 兩腰切於 G、H，同時又內切於 ΔABC 的外接圓於 D。連接 G、H 交 $\angle A$ 的平分線於 E。求證：E 是 ΔABC 的內心。

8. 已知 PQ 垂直平分 AB，在 P、Q 之間取 C，使 $PC : QC = PA : QB$，求證：$\angle PAC = \angle QBC$。

9. 在例 5 中，如果 $ABCD$ 不是凸四邊形，結論是否仍成立？試證明之。

10. 在 ΔABC 中，B 為直角。$BC = a$，$AB = c$。延長 BA 至 D，使 $AD = d$。作斜邊上的高 BE，並延長交 CD 於 F。那麼當 $\left(\dfrac{a}{c}\right)^2 = 2\left(1 + \dfrac{c}{d}\right)$ 時，必有 $\angle DAF = \angle BAC$；反之亦然。試證明之。

11. 在直角 ΔABC 的斜邊 BC 上取一點 D，使 $BD = 2DC$，又取 AC 的中點為 E，BE 與 AD 垂直。求證：$\angle ABC = \angle ACB$。

第八章

證明比例式或複雜的比例式

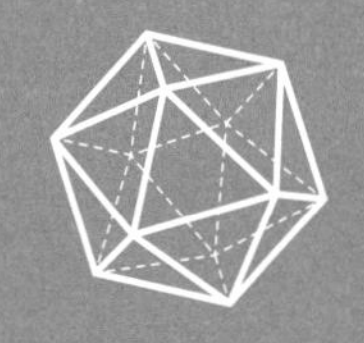

因為比例式可化成線段乘積之間的等式，而線段的乘積常可用面積公式表示。因此，運用面積關係證明比例式常常是比較方便的。

〔證題術 3〕　在證明比例關係時，可用面積比代替線段的比，反之亦然；並注意應用比例定理以簡化證明。

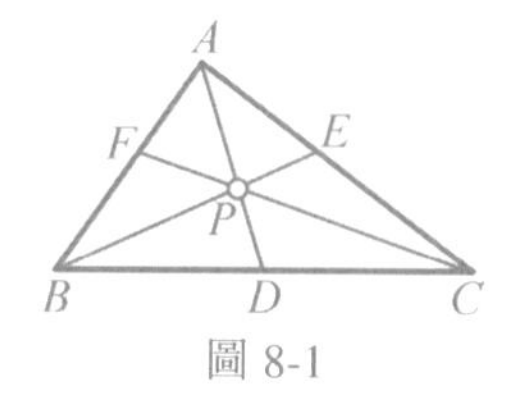

圖 8-1

〔例 1〕　在 ΔABC 內任取一點 P，直線 AP、BP、CP 分別交 BC、CA、AB 於 D、E、F。求證：$\dfrac{AF}{BF}\cdot\dfrac{BD}{CD}\cdot\dfrac{CE}{AE}=1$。（圖 8-1）

證明　由比例定理，得

$$\frac{AF}{BF}=\frac{S_{\Delta APC}}{S_{\Delta BPC}},\frac{BD}{CD}=\frac{S_{\Delta APB}}{S_{\Delta APC}},\frac{CE}{AE}=\frac{S_{\Delta BPC}}{S_{\Delta APB}}\text{。}$$

$$\therefore\quad \frac{AF}{BF}\cdot\frac{BD}{CD}\cdot\frac{CE}{AE}=\frac{S_{\Delta APC}}{S_{\Delta BPC}}\cdot\frac{S_{\Delta APB}}{S_{\Delta APC}}\cdot\frac{S_{\Delta BPC}}{S_{\Delta APB}}=1\text{。}$$

在例 1 中，如果點 P 在 ΔABC 的外部，結論仍成立。證明過程與上述相同。請讀者自己推證。

〔例 2〕　$\odot O_1$、$\odot O_2$ 外切於點 C。外公切線 AB 切 $\odot O_1$、$\odot O_2$ 於 A、B；設兩圓的直徑分別為 d_1、d_2，求證：AB 為 d_1、d_2 的比例中項。（圖 8-2）

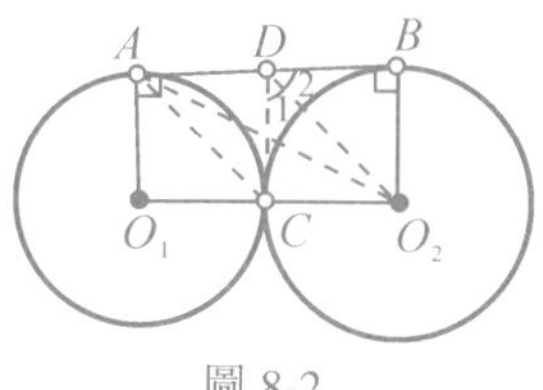

圖 8-2

證明　過 C 點作公切線交 AB 於 D，那麼

$$AD = BD = CD = \frac{AB}{2} ,$$

且 O_2D 平分 $\angle BDC$，$\angle DAC = \frac{1}{2}\angle BDC$，

∴ $$O_2D \parallel AC,$$

從而 $$S_{\Delta DAC} = S_{\Delta O_2AC}。$$

∴ $$\frac{1}{2}DA \cdot DC\sin\angle ADC = \frac{1}{2}AO_1 \cdot CO_2\sin\angle AO_1C 。（斜高公式）$$

∵ $$\angle AO_1C + \angle ADC = 180° ,$$

∴ $$\sin\angle ADC = \sin\angle AO_1C 。$$

∴ $$DA \cdot DC = AO_1 \cdot CO_2 。$$

即 $$\left(\frac{AB}{2}\right)^2 = \left(\frac{d_1}{2}\right)\left(\frac{d_2}{2}\right)。$$

下面的例題，如果不用面積關係證，也是頗難入手的。

〔例 3〕　$ABCD$ 為凸四邊形，在 AB、BC、CD、DA 邊上順次取 F、G、H、E，使

$$\frac{FB}{FA} = \frac{HC}{HD} = \lambda ,$$

$$\frac{GC}{GB} = \frac{ED}{EA} = \mu ,$$

而 P 點為 FH、EG 的交點。求證：$PG : PE = \lambda$，$PH : PF = \mu$。（圖 8-3）

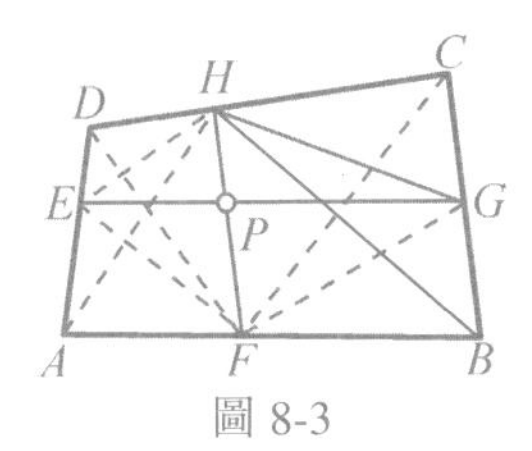

圖 8-3

分析　要求比值 $\frac{PG}{PE}$，可把它化為面積的比

$$\frac{S_{\Delta FGH}}{S_{\Delta FEH}}=\frac{PG}{PE}$$

來求得。

證明　令 $S_{\Delta FBH}=x$，$S_{\Delta FCH}=y$，四邊形 $BCHF$ 的面積為 ω，那麼

$$S_{\Delta GCH}=\frac{\mu}{1+\mu}(\omega-x)\ ,\ S_{\Delta GBF}=\frac{1}{1+\mu}(\omega-y)\ ,$$

$$\therefore\quad S_{\Delta FGH}=\omega-\frac{\mu}{1+\mu}(\omega-x)-\frac{1}{1+\mu}(\omega-y)$$

$$=\frac{\mu x+y}{1+\mu}=\frac{\mu}{1+\mu}S_{\Delta FBH}+\frac{1}{1+\mu}S_{\Delta FCH}\text{。}$$

同理可得

$$S_{\Delta FEH}=\frac{\mu}{1+\mu}S_{\Delta FAH}+\frac{1}{1+\mu}S_{\Delta FDH}\text{。}$$

$$\because\quad S_{\Delta FBH}=\lambda S_{\Delta FAH}\text{，}S_{\Delta FCH}=\lambda S_{\Delta FDH}\text{。}$$

$$\therefore\quad S_{\Delta FGH}=\lambda\left(\frac{\mu}{1+\mu}S_{\Delta FAH}+\frac{1}{1+\mu}S_{\Delta FDH}\right)$$

$$=\lambda S_{\Delta FEH}\text{，}$$

$$\therefore\quad \frac{PG}{PE}=\frac{S_{\Delta FGH}}{S_{\Delta FEH}}=\lambda\text{。}$$

同理可證 $PH:PF=\mu$。

以上所討論的比例式，兩端僅含有乘除運算。如果同時含有加減運算，那麼稱它為複雜比例式。利用面積關係證明複雜比例式，也是相當有效的。

〔證題術 4〕　證明複雜比例式，可找尋與要證等式中線段有關的面積，分塊計算再加減以列出等式，經適當變形而求得所要證明的比

例式，有時可運用張角關係以簡化證明。

〔例 4〕 如圖 8-4 所示，CD 是直角 ΔABC 斜邊 AB 上的高，求證：

$$\frac{1}{CB^2}+\frac{1}{AC^2}=\frac{1}{CD^2}\text{。}$$

證明 由張角關係

$$\begin{aligned}\frac{\sin 90^\circ}{CD}&=\frac{\sin\angle ACD}{CB}+\frac{\sin\angle BCD}{AC}\\&=\frac{\sin B}{CB}+\frac{\sin A}{AC}\\&=\frac{1}{CB}\cdot\frac{CD}{CB}+\frac{1}{AC}\cdot\frac{CD}{AC}\end{aligned}$$

兩端除以 CD，得

$$\frac{1}{CB^2}+\frac{1}{AC^2}=\frac{1}{CD^2}\text{。}$$

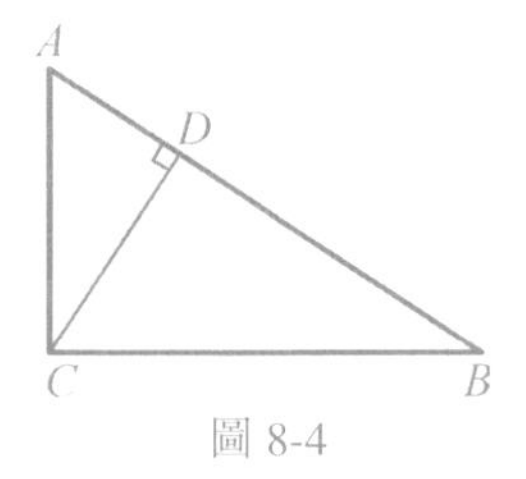

圖 8-4

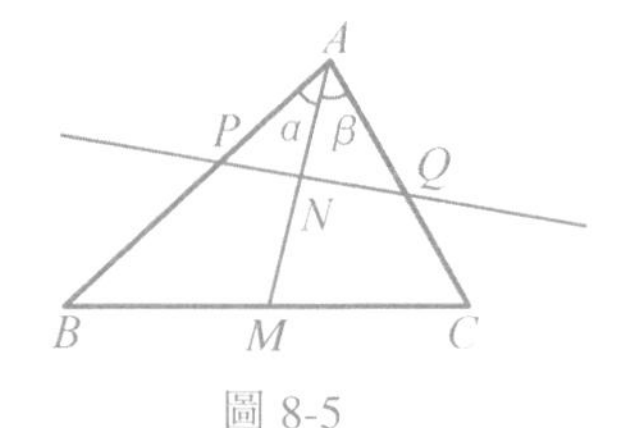

圖 8-5

〔例 5〕 設 AM 是 ΔABC 的邊 BC 上的中線，任作一直線順次交 AB、AC、AM 於 P、Q、N。

求證：$\frac{AB}{AP}$ 、$\frac{AM}{AN}$、 $\frac{AC}{AQ}$ 成等差數列。（圖 8-5）

證明　由張角關係

$$\frac{\sin(\alpha+\beta)}{AN}=\frac{\sin\beta}{AP}+\frac{\sin\alpha}{AQ}, \tag{1}$$

$$\frac{\sin(\alpha+\beta)}{AM}=\frac{\sin\beta}{AB}+\frac{\sin\alpha}{AC}, \tag{2}$$

又∵

$$MB=MC,$$

∴

$$S_{\Delta ABM}=S_{\Delta ACM},$$

即

$$AB\cdot AM\sin\alpha=AC\cdot AM\sin\beta,$$

∴

$$AB\sin\alpha=AC\sin\beta,$$

$$\frac{\sin\beta}{AB}+\frac{\sin\alpha}{AC}=\frac{2\sin\beta}{AB}=\frac{2\sin\alpha}{AC}。 \tag{3}$$

(1) ÷ (2)，並利用 (3)，得

$$\frac{AM}{AN}=\frac{\frac{\sin\beta}{AP}}{\frac{2\sin\beta}{AB}}+\frac{\frac{\sin\alpha}{AQ}}{\frac{2\sin\alpha}{AC}}=\frac{1}{2}\left(\frac{AB}{AP}+\frac{AC}{AQ}\right)。$$

∴

$$2\frac{AM}{AN}=\frac{AB}{AP}+\frac{AC}{AQ}。$$

即

$$\frac{AM}{AN}-\frac{AB}{AP}=\frac{AC}{AQ}-\frac{AM}{AN}。$$

〔例 6〕　在圓內接四邊形 $ABCD$ 中，$BC=CD$。

求證：$AC^2=AB\cdot AD+BC^2$。（圖 8-6）

證明　列出面積方程

$$S_{ABCD}=S_{\Delta ABD}+S_{\Delta BCD}, \tag{1}$$

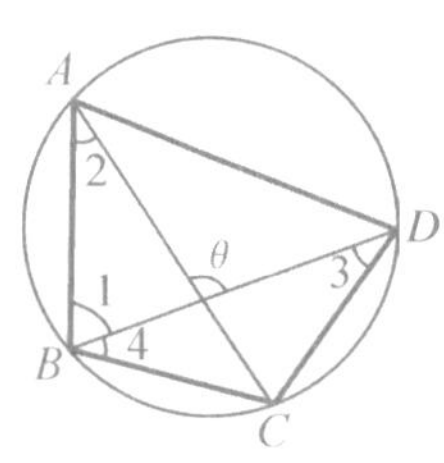

圖 8-6

利用面積公式，(1) 式的右邊得

$$S_{\Delta ABD}+S_{\Delta BCD}=\frac{1}{2}(AB\cdot AD+BC^2)\sin\angle BCD，$$

令圓的直徑為 d，(1) 式的左邊得

$$\begin{aligned}S_{ABCD}&=\frac{1}{2}AC\cdot BD\sin\theta=\frac{1}{2}AC\cdot d\sin\angle BCD\cdot\sin\theta\\&=\frac{1}{2}AC\cdot\left[d\sin(\angle 1+\angle 2)\right]\cdot\sin\angle BCD\\&=\frac{1}{2}AC\cdot d\cdot\sin(\angle 1+\angle 4)\cdot\sin\angle BCD\\&=\frac{1}{2}AC^2\cdot\sin\angle BCD。\end{aligned}$$

∵ 左邊 = 右邊，

∴ $$AC^2=AB\cdot AD+BC^2。$$

下面一個例題，是人們熟知的**托勒密**（Ptolemaeus）**定理**，這裏的證法與常見的不同。

〔例 7〕 設 $ABCD$ 是圓內接四邊形，求證：$AC\cdot BD=AB\cdot CD+AD\cdot BC$。

證明　設圓的直徑為 d；過 A 做圓的切線，切線與 AB、AD 的夾角為 α、δ，令 $\angle BAC=\beta$，$\angle CAD=\gamma$（圖 8-7）。由直徑與弦的關係，得

$$AB=d\sin\alpha，BC=d\sin\beta，$$

$$CD=d\sin\gamma，AD=d\sin\delta，$$

$$AC=d\sin(\alpha+\beta)，BD=d\sin(\beta+\gamma)，$$

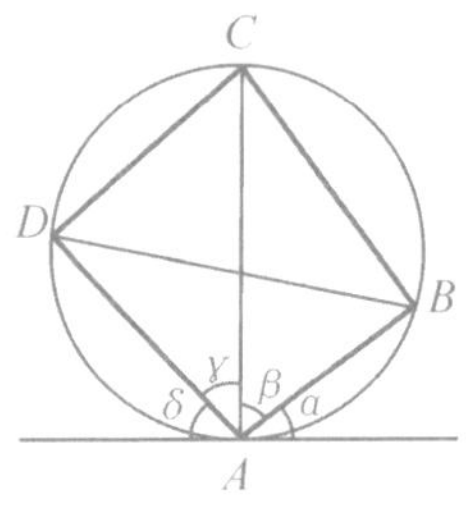

圖 8-7

於是，所要證的等式等價於

$$d^2\sin(\alpha+\beta)\sin(\beta+\gamma)=d^2\sin\alpha\sin\gamma+d^2\sin\beta\sin\delta。$$

由於 $\alpha + \beta + \gamma + \delta = 180°$，可直接應用第 31 頁三角恆等式的結論證得命題成立。

可見用面積關係證明托勒密定理步驟極其簡單。

練習題七

1. 在例 1 中，如果點 P 在 ΔABC 的外部，試證明有同樣的結論。

2. 直線 FE 和 ΔABC 的兩邊 AB、AC 分別交於 F、E，並和 BC 邊的延長線交於 D。求證：$\dfrac{AF}{BF}\cdot\dfrac{BD}{CD}\cdot\dfrac{CE}{AE}=1$。

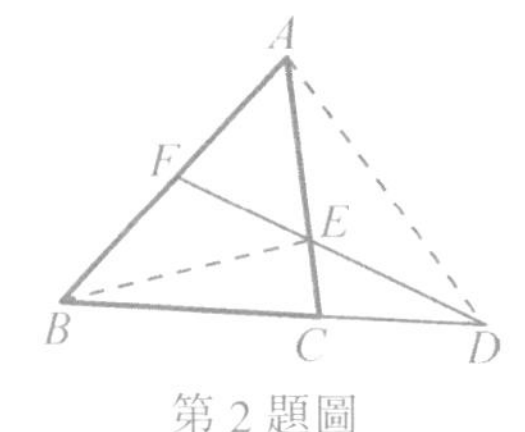

第 2 題圖

3. 過 ΔABC 的 AC 邊中點 E 任作直線交 AB 於 F，交 BC 的延長線於 D。求證：$\dfrac{AF}{BF}=\dfrac{CD}{BD}$。

4. 在 ΔABC 內任取一點 P，連接 AP、BP、CP 並且延長，分別交三邊於 D、E、F。求證：$\dfrac{AP}{AD}+\dfrac{BP}{BE}+\dfrac{CP}{CF}=2$。

5. 求證：圓外切梯形的高是上、下底的比例中項。

6. 在例 3 中，如果四邊形 $ABCD$ 退化為三角形，結論如何？如果 $ABCD$ 是凹四邊形或非簡單四邊形呢？

7. 試應用本章例 3 的結果證明下列有趣的命題：設凸四邊形 $ABCD$ 各邊的三等分點順次為 G、H、L、K、F、E、I、J；連接對邊上兩點的直線分別交於 P、Q、R、S；則四邊形 $PQRS$ 的面積恰為四邊形 $ABCD$ 面積的 $\dfrac{1}{9}$。（參看書末附圖）

8. 由 P 點作四條射線，與直線 l_1、l_2 分別交於 A、B、C、D 和 A'、B'、C'、D'。求證：$\dfrac{A'B'}{C'B'}:\dfrac{A'D'}{C'D'}=\dfrac{AB}{CB}:\dfrac{AD}{CD}$。

9. 在$\square ABCD$的邊AB上取點P，使$AB = 3AP$，邊AD上取點Q，使$AD = 4AQ$。PQ交對角線AC於M。求證：$AC = 7AM$。

10. 在$\angle P$的一邊上取兩點A、D，另一邊上取兩點B、C，AB、CD交於Q，而PQ平分$\angle APB$。求證：$\dfrac{AD}{BC} = \dfrac{AP \cdot DP}{CP \cdot BP}$。

11. M是ΔABC邊BC上任一點。任作一直線分別交AB、AM、AC於P、N、Q。如果$MB : MC = \lambda : \mu$，求證：$(\lambda + \mu)\dfrac{AM}{AN} = \lambda\dfrac{AB}{AP} + \mu\dfrac{AC}{AQ}$。

12. 設AE是ΔABC的角平分線，$AC = \lambda AB$。以AC為直徑作圓交直線AE於D。求證：$\dfrac{AE}{AD} = \dfrac{2}{1 + \lambda}$。

13. 四邊形$ABCD$內接於圓。求證：$\dfrac{AC}{BD} = \dfrac{DC \cdot BC + AB \cdot AD}{BA \cdot BC + DC \cdot AD}$。

第九章

證明和差倍分關係

和差倍分一類題目，實質上是比例問題和複雜比例問題的特例，方法比較簡單，這裏簡略地介紹一下。

〔證題術 5〕 線段的和差倍分問題，常可化為有關三角形面積和差倍分問題來解決。

〔例 1〕 ΔABC 的中線 AD、BE 相交於 M。

求證：$MD=\frac{1}{3}AD$。（圖 9-1）

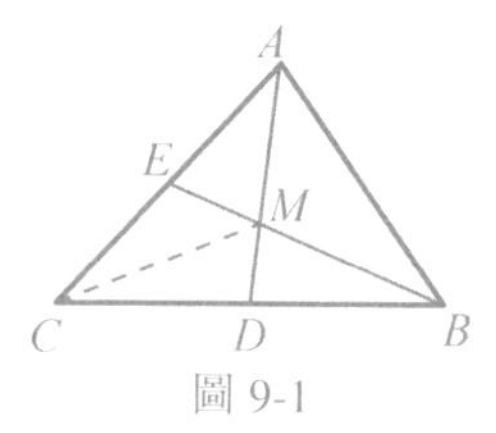

圖 9-1

證明　由比例定理

$$\frac{S_{\Delta AMB}}{S_{\Delta AMC}}=\frac{BD}{CD}=1,$$

$$\frac{S_{\Delta AMB}}{S_{\Delta CMB}}=\frac{AE}{CE}=1,$$

$$\therefore \quad S_{\Delta AMB}=S_{\Delta CMB}=S_{\Delta AMC}=\frac{1}{3}S_{\Delta ABC},$$

$$\therefore \quad \frac{MD}{AD}=\frac{S_{\Delta BMC}}{S_{\Delta ABC}}=\frac{1}{3}。$$

上例是大家熟知的命題。由它可導出「三角形三中線交於一點」的定理。讀者不妨將這裏的證法與教科書上常用證法做一對比，體會一下應用面積關係解題的特點。

〔例 2〕 如圖 9-2，在等腰 ΔABC 的底邊 CB 的延長線上任取一點 P，由 P 向兩腰 AB、AC 分別引垂線 PM、PN，M、N 為垂足，腰上的高為 h。求證：$|PM-PN|=h$。

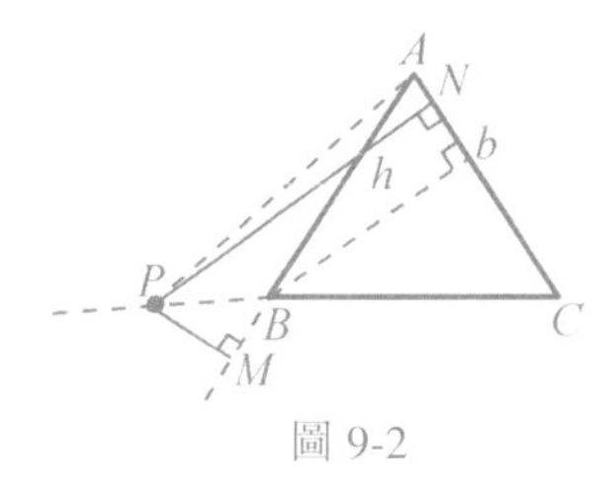

圖 9-2

證明 令 ΔABC 的腰為 b。由面積方程，得

$$|S_{\Delta PAC}-S_{\Delta PAB}|=S_{\Delta ABC}。$$

由面積公式，得

$$\left|\frac{1}{2}PN\cdot AC-\frac{1}{2}PM\cdot AB\right|=\frac{1}{2}bh，$$

$$\frac{1}{2}b|PM-PN|=\frac{1}{2}bh，$$

∴ $$|PM-PN|=h。$$

〔例 3〕 如圖 9-3，已知 ΔABC 的三邊 a、b、c 成等差數列，求證：(1) ΔABC 重心 G 與內心 O 的連線平行於 AC；(2) $|b-a|=3GO$。

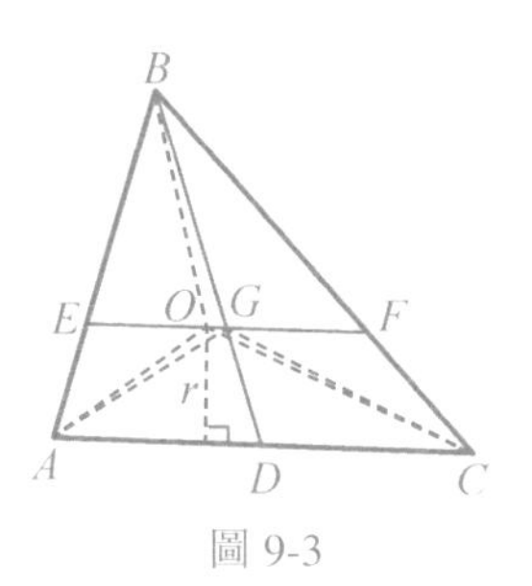

圖 9-3

證明　(1) 設 AC 上的中線為 BD，那麼

$$\frac{S_{\Delta GAC}}{S_{\Delta ABC}} = \frac{GD}{BD} = \frac{1}{3},$$

$$\therefore \quad S_{\Delta GAC} = \frac{1}{3}S_{\Delta ABC}。$$

令 ΔABC 內切圓的半徑為 r，那麼

$$S_{\Delta ABC} = \frac{1}{2}(a+b+c)r = \frac{3}{2}br = 3S_{\Delta OAC}。$$

$$\therefore \quad S_{\Delta GAC} = S_{\Delta OAC},$$

$$\therefore \quad OG \parallel AC。$$

(2) 設直線 OG 分別交 AB、BC 於 E、F。為確定起見，不妨設 O 在 EG 上，由比例定理，得

$$\frac{GF+OG}{GF} = \frac{S_{\Delta BOC}}{S_{\Delta BGC}} = \frac{\frac{1}{2}ar}{\frac{1}{3}S_{\Delta ABC}} = \frac{\frac{1}{2}ar}{\frac{1}{2}br} = \frac{a}{b}。$$

但是

$$GF = \frac{1}{2}EF = \frac{1}{2}\cdot\frac{2}{3}\cdot AC = \frac{b}{3},$$

$$\therefore \quad 1 + \frac{3OG}{b} = \frac{a}{b},$$

$$\therefore \quad |b-a| = 3OG。$$

〔例 4〕　等邊 ΔABC 內接於圓 O，在 $\overset{\frown}{BC}$ 上任取一點 P。求證：$PA = PB + PC$。（圖 9-4）

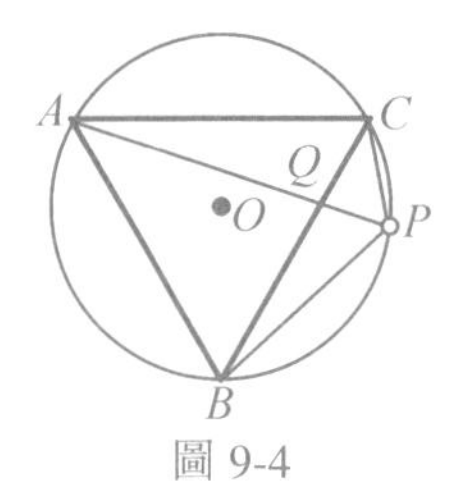

圖 9-4

證明　列出面積方程

$$S_{ABPC} = S_{\Delta PAB} + S_{\Delta PAC}。$$

由面積公式，得

$$\frac{1}{2}PA \cdot BC\sin\angle AQC$$

$$= \frac{1}{2}PA \cdot PB\sin\angle BPA + \frac{1}{2}PA \cdot PC\sin\angle CPA，$$

∴ $$BC\sin(\angle APC + \angle BCP) = (PB + PC)\sin 60°。$$

∵ $$\angle APC = 60° = \angle ACB，$$

$$BC\sin\angle ACP = (PB + PC)\sin\angle APC。$$

∵ $BC = AC$，由正弦定理，得

∴ $$PB + PC = BC \cdot \frac{\sin\angle ACP}{\sin\angle APC} = AP。$$

練習題八

1. 在 ΔABC 的 AB、AC 邊上分別取 D、E，連接 CD、BE 相交於 O。$\frac{AD}{BD}=\lambda$，$\frac{AE}{CE}=\mu$。求證：$\frac{DO}{CO}=\frac{\mu}{1+\lambda}$，$\frac{EO}{BO}=\frac{\lambda}{1+\mu}$。並說明例 1 是這一題的特例。
2. 在 ΔABC 中，重心 G 和內心 O 的連線平行於 AC。求證：$AB+BC=2AC$。
3. 在等腰 ΔABC 底邊 BC 上任取一點 P，自 P 向兩腰作垂線 PD、PE；設 AB 邊上的高為 h，求證：$PD+PE=h$。
4. 在等邊三角形內任取一點 P。求證：P 到三邊距離之和為常數，這個常數為等邊三角形的高。如果點 P 在三角形的外部，那麼又有甚麼類似的結論？
5. AE 是 ΔABC 中 $\angle A$ 的平分線，$AC=3AB$，自點 C 作 AE 的垂線交 AE 的延長線於 D。求證：$AD=2AE$。

第十章

證明三點共線與三線共點

在平面幾何中，關於三點共線的證明題常被認為是較難入手的，而運用面積關係證明這類問題，有一個明確的方向：只要證明以三點為頂點所組成的三角形面積為 0 就可以了。但這三點所組成三角形的面積有時不便於直接計算，不妨適當地選取另一點，用下面間接的方法達到目的。

〔證題術 6〕　要證 P 點在線段 BC 上，可在線段 BC 外適當選取另一點 A，證明

$$S_{\Delta ABC}=S_{\Delta ABP}+S_{\Delta ACP}$$

或直接應用「張角關係」證明。

下面，便是直接應用張角關係證明三點共線的一例。

〔例 1〕　設正三角形 ABC 內接於⊙O，點 D、E 分別為 $\overset{\frown}{AB}$ 、$\overset{\frown}{AC}$ 的中點。在 $\overset{\frown}{BC}$（上任取一點 P，連接 PD、PE 分別交 AB、AC 於 F、G。求證：F、G、O 共線。（圖 10-1）

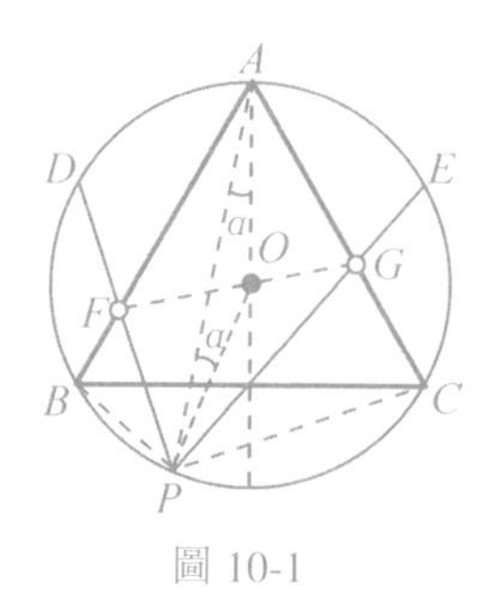

圖 10-1

分析　要證明 F、G、O 共線，根據張角關係，只需證明

$$\frac{\sin\angle FPG}{PO}=\frac{\sin\angle FPO}{PG}+\frac{\sin\angle GPO}{PF}$$

就可以了。

證明　令 $\angle APO=\alpha$，$\odot O$ 的直徑 $2PO=d$，那麼

$$\frac{\sin\angle FPG}{PO}=\frac{2\sin 60^\circ}{d}=\frac{\sqrt{3}}{d}。$$

$$\frac{\sin\angle FPO}{PG}+\frac{\sin\angle GPO}{PF}$$

$$=\frac{\sin(30^\circ+\alpha)}{PG}+\frac{\sin(30^\circ-\alpha)}{PF}。\tag{1}$$

由 P 點出發的三射線 PA、PG、PC，A、G、C 共線，根據張角關係，得

$$\frac{\sin 60^\circ}{PG}=\frac{\sin 30^\circ}{PC}+\frac{\sin 30^\circ}{PA}。\tag{2}$$

利用直徑與弦的關係，得

$$PC=d\sin(30^\circ+\alpha)，PA=d\cos\alpha。$$

代入 (2) 式，得

$$\frac{1}{PG}=\frac{1}{2\sin 60^\circ}\left[\frac{1}{d\sin(30^\circ+\alpha)}+\frac{1}{d\cos\alpha}\right]。\tag{3}$$

同理，得

$$\frac{1}{PF}=\frac{1}{2\sin 60^\circ}\left[\frac{1}{d\sin(30^\circ-\alpha)}+\frac{1}{d\cos\alpha}\right]。\tag{4}$$

把 (3) 式、(4) 式代入 (1) 式，得

$$\frac{\sin(30^\circ+\alpha)}{PG}+\frac{\sin(30^\circ-\alpha)}{PF}$$

$$=\frac{1}{2d\sin 60^\circ}\left[2+\frac{\sin(30^\circ+\alpha)+\sin(30^\circ-\alpha)}{\cos\alpha}\right]$$

$$=\frac{3}{2d\sin 60^\circ}=\frac{\sqrt{3}}{d}，$$

所以，

$$\frac{\sin\angle FPG}{PO}=\frac{\sin\angle FPO}{PG}+\frac{\sin\angle GPO}{PF},$$

因此 F、G、O 三點共線。

下面一例是 1959 年國際數學競賽的一道題。常見的題解都是用解析幾何方法來證的，這裏我們提供一個不同的證法。

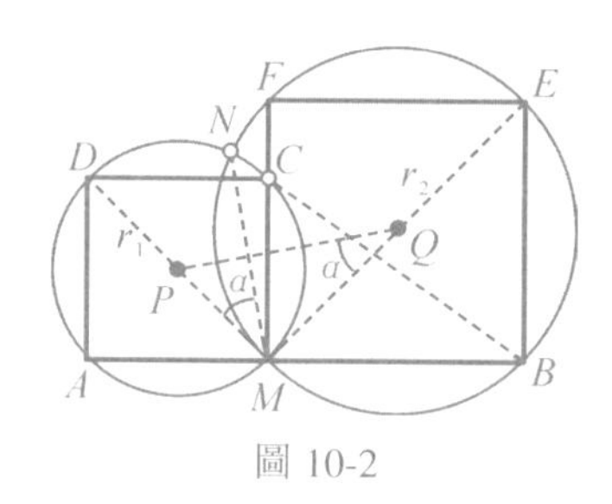

圖 10-2

〔例 2〕 在線段 AB 上取內分點 M，使 $AM\le BM$。分別以 MA、MB 為邊，在 AB 的同側作正方形 $AMCD$ 和 $MBEF$。$\odot P$ 和 $\odot Q$ 分別是這兩個正方形的外接圓，兩圓交於 M、N。求證：B、C、N 三點共線。（圖 10-2）

分析 要證明 B、C、N 共線，只需證明

$$S_{\Delta MBC}+S_{\Delta MNC}=S_{\Delta MNB}$$

就可以了。

證明 設 $\odot P$、$\odot Q$ 的半徑分別為 r_1、r_2，那麼 $MC=\sqrt{2}r_1$，$MB=\sqrt{2}r_2$，顯然有

$$PM\perp MQ，MN\perp PQ，\angle PQM=\angle PMN。$$

令 $\angle PQM = \angle PMN = \alpha$ ，由面積公式，得

$$S_{\Delta MNB} = \frac{1}{2} MN \cdot MB\sin\angle BMN$$

$$= \frac{1}{2} \cdot 2r_1\cos\alpha \cdot \sqrt{2}r_2\sin(90° + 45° - \alpha)$$

$$= \sqrt{2}r_1r_2\cos\alpha\cos(45° - \alpha);$$

$$S_{\Delta MNC} = \frac{1}{2} MN \cdot MC\sin\angle CMN$$

$$= \frac{1}{2} \cdot 2r_2\sin\alpha \cdot \sqrt{2}r_1\sin(45° - \alpha)$$

$$= \sqrt{2}r_1r_2\sin\alpha\sin(45° - \alpha)\text{。}$$

$\therefore$ $S_{\Delta MNB} - S_{\Delta MNC}$

$$= \sqrt{2}r_1r_2[\cos\alpha\cos(45° - \alpha) - \sin\alpha\sin(45° - \alpha)]$$

$$= \sqrt{2}r_1r_2\cos45° = r_1r_2 = S_{\Delta MBC}\text{。}$$

$\therefore$ $$S_{\Delta MBC} + S_{\Delta MNC} = S_{\Delta MNB}\text{。}$$

下面一例是著名的「西姆松 (Simson) 定理」，它是平面幾何中難度較大的題目之一。

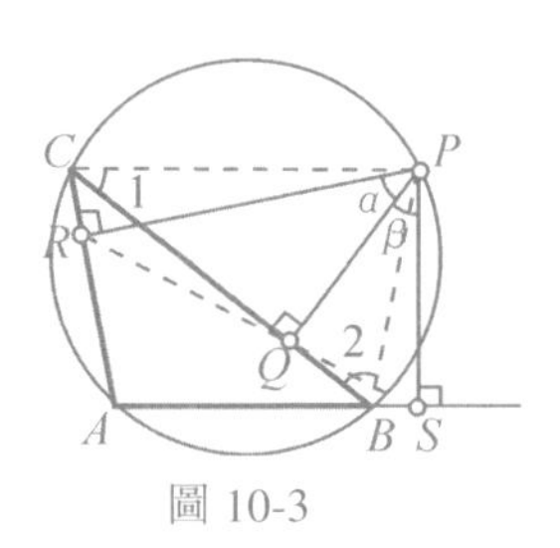

圖 10-3

〔例 3〕 P 是 ΔABC 外接圓上任意一點；自點 P 向 ΔABC 的三邊作垂線，垂足分別為 Q、R、S。求證：Q、R、S 共線。（圖 10-3）

分析　要證明 Q、R、S 共線，只要證明

$$S_{\Delta PRS}=S_{\Delta PRQ}+S_{\Delta PSQ}$$

就可以了。

證明
$$S_{\Delta PRS}=\frac{1}{2}PR\cdot PS\sin\angle RPS，\tag{1}$$

$$S_{\Delta PRQ}+S_{\Delta PSQ}=\frac{1}{2}[PR\cdot PQ\sin\angle RPQ+PS\cdot PQ\sin\angle SPQ]。\tag{2}$$

令 $\angle RPQ=\alpha$，$\angle SPQ=\beta$，那麼 $\angle RPS=\alpha+\beta$，令圓的半徑為 r，$\angle PCQ=\angle 1$，$\angle PBQ=\angle 2$。由於點 P 在圓周上，所以 $\angle 1+\angle 2=A$。又因為 $\angle PQC$、$\angle PRC$、$\angle PSB$、$\angle PQB$ 均為直角，所以

$$\alpha=\angle ACB，\beta=\angle ABC，\alpha+\beta=180^\circ-A。$$

又由弦、圓周角和半徑的關係，得

$$PR=PC\sin\angle PCR=2r\sin\angle 2\sin(\alpha+\angle 1)，\tag{3}$$

$$PS=PB\sin\angle PBS=2r\sin\angle 1\sin(\alpha+\angle 1)，\tag{4}$$

$$PQ=PC\sin\angle 1=2r\sin\angle 1\sin\angle 2。\tag{5}$$

把 (3)、(4)、(5) 式代入 (1)、(2)，可發現所欲證的等式等價於下列等式

$$\sin(\alpha+\beta)\sin(\alpha+\angle 1)=\sin\alpha\sin\angle 2+\sin\beta\sin\angle 1。$$

由於 $\alpha+\beta+\angle 1+\angle 2=180^\circ$，這正是我們在第 31 頁用面積關係證明過的恒等式，所以

$$S_{\Delta PRS}=S_{\Delta PRQ}+S_{\Delta PSQ}，$$

Q、R、S 三點共線。

〔例 4〕　在 ΔABC 的兩邊 AB、AC 上分別取 F、E 兩點，在 BC 的延長線上取 D 點，使

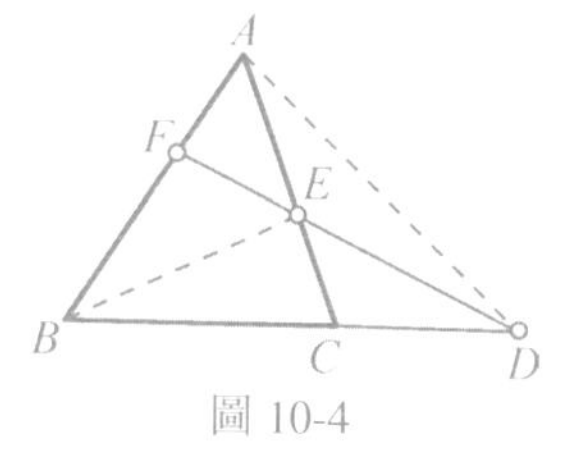

圖 10-4

$$\frac{AF}{BF}\cdot\frac{BD}{CD}\cdot\frac{CE}{AE}=1\text{。}$$

求證：D、E、F三點共線。（圖 10-4）

證明　設$S_{\Delta ABD}=s$，$\frac{AF}{BF}=\lambda$，$\frac{BD}{CD}=\mu$，那麼$\frac{AE}{CE}=\lambda\mu$。於是由比例定理，得

$$S_{\Delta BDF}=\frac{1}{1+\lambda}s\text{，}S_{\Delta BED}=\frac{1}{1+\lambda\mu}s\text{，}$$

$$S_{\Delta BEF}=\frac{1}{1+\lambda}S_{\Delta ABE}=\frac{1}{1+\lambda}\cdot\frac{\lambda\mu}{1+\lambda\mu}S_{\Delta ABC}$$

$$=\frac{1}{1+\lambda}\cdot\frac{\lambda\mu}{1+\lambda\mu}\cdot\frac{\mu-1}{\mu}s\text{，}$$

$$\therefore\quad S_{\Delta BEF}+S_{\Delta BED}=\left(\frac{\lambda}{1+\lambda}\cdot\frac{\mu-1}{1+\lambda\mu}+\frac{\lambda\mu}{1+\lambda\mu}\right)s$$

$$=\frac{s}{1+\lambda}=S_{\Delta BDF}\text{。}$$

$\therefore$ D、E、F三點共線。

在上題中，如果D、E、F三點分別在ΔABC三邊的延長線上，結論仍然成立。如果三點分別在三邊上，或有且僅有一點在某邊上，結論顯然不能成立。為了用統一的簡潔語言表達這些事實，我們用有向線段的比代替線段的比，例如，當F點在AB上時，比值$\frac{\overline{AF}}{\overline{BF}}<0$，因為$\overline{AF}$與$\overline{BF}$反向；如果$F$點在$AB$的延長線上，那麼$\overline{AF}$與$\overline{BF}$同向，所以$\frac{\overline{AF}}{\overline{BF}}>0$。這樣，當$F$、$E$、$D$三點共線時，題中出現的三個比值，如果用有向線段的比來代替，乘積恆為正，結合練習題八第 2 題的類似推廣，可得

梅內勞斯（Menelaus）定理　在 ΔABC 三邊所在直線 BC、CA、AB 上分別取點 D、E、F。那麼這三點共線的充分必要條件是

$$\frac{\overline{AF}}{\overline{BF}}\cdot\frac{\overline{BD}}{\overline{CD}}\cdot\frac{\overline{CE}}{\overline{AE}}=1。$$

證明三直線共點，不像證明三點共線那樣容易。但是，我們可以把它轉化為三點共線的問題去解決。

〔證題術 7〕　欲證 l_1、l_2、l_3 三直線交於一點，可先定出 l_1、l_2 的交點 P，在 l_3 上再選兩點 A、B，然後證明 P、A、B 三點共線。

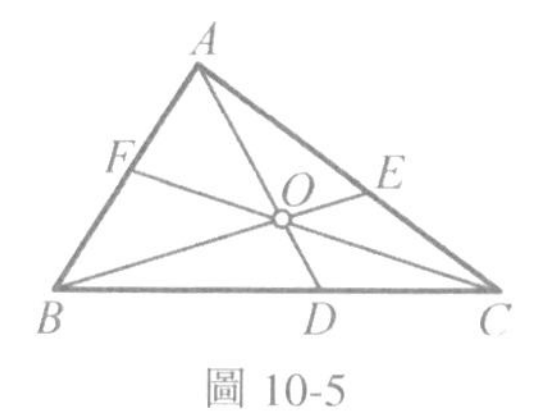

圖 10-5

〔例 5〕　ΔABC 的三邊 BC、CA、AB 上各有一點 D、E、F，使

$$\frac{AF}{BF}\cdot\frac{BD}{CD}\cdot\frac{CE}{AE}=1，$$

求證：AD、BE、CF 交於一點。（圖 10-5）

分析　要證明 AD、BE、CF 交於一點，設 AD、BE 交於 O，只要證明 C、O、F 三點共線就可以了。

證明　令 ΔABC 面積為 s，並設

$$AF:BF=\lambda:1，BD:CD=\mu:1，$$

那麼

$$CE:AE=1:\lambda\mu。$$

又 $$\frac{S_{\Delta BOC}}{S_{\Delta AOC}} = \frac{S_{\Delta BOC}}{S_{\Delta AOB}} \cdot \frac{S_{\Delta AOB}}{S_{\Delta AOC}} = \frac{1}{\lambda\mu} \cdot \frac{\mu}{1} = \frac{1}{\lambda},$$

$$\frac{S_{\Delta BOF}}{S_{\Delta AOF}} = \frac{1}{\lambda},$$

∴ $$S_{\Delta BOC} + S_{\Delta BOF} = \frac{1}{\lambda}(S_{\Delta AOC} + S_{\Delta AOF})$$

$$= \frac{1}{\lambda}[s - S_{\Delta BOC} - S_{\Delta BOF}]。$$

展開，得

$$S_{\Delta BOC} + S_{\Delta BOF} = \frac{1}{\lambda}s - \frac{1}{\lambda}S_{\Delta BOC} - \frac{1}{\lambda}S_{\Delta BOF},$$

$$\left(1 + \frac{1}{\lambda}\right)(S_{\Delta BOC} + S_{\Delta BOF}) = \frac{1}{\lambda}s,$$

∴ $$S_{\Delta BOC} + S_{\Delta BOF} = \frac{1}{1+\lambda}s = S_{\Delta BCF}。$$

這就證明了 O 點在 CF 上，即 AD、BE、CF 共點。

運用同樣的方法可以證明：當 F、D、E 三點中有兩點外分 ΔABC 的邊時，這命題仍成立。綜合多種情況，並結合第九章例 1，可以得到十分有用的塞瓦（Ceva）定理。

塞瓦定理　在 ΔABC 的三邊所在直線 BC、CA、AB 上分別取點 D、E、F，那麼

$$\frac{\overline{AF}}{\overline{BF}} \cdot \frac{\overline{BD}}{\overline{CD}} \cdot \frac{\overline{CE}}{\overline{AE}} = -1$$

是 AD、BE、CF 交於一點的充要條件。

請讀者仿例題分多種情形證明這條定理。

〔例 6〕　以 ΔABC 的三邊為底，分別向形外作相似的等腰三角形，ΔBCD、ΔACE 和 ΔABF。求證：AD、BE、CF 三直線交於一點。

證明　設邊上所作的等腰三角形底角為 α，ΔABC 的最大角為 A，如果 $A+\alpha=180°$, 那麼 AD、BE、CF 顯然交於 A。所以我們只需證明 $A+\alpha<180°$［圖 10-6（1）］和 $A+\alpha>180°$［圖 10-6（2）］的兩種情形。

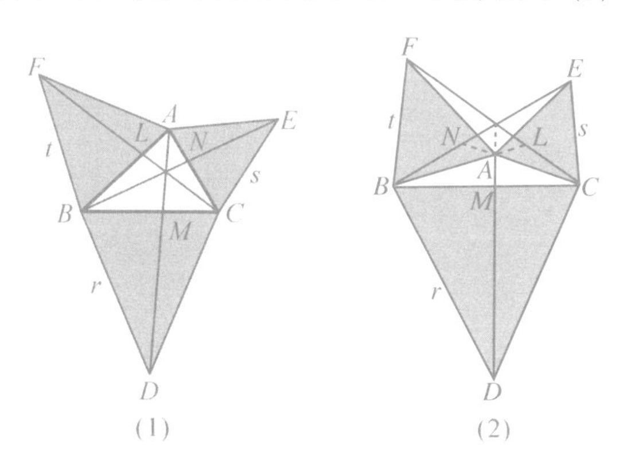

圖 10-6

設 AD 交 BC 於 M、BE 交 AC 於 N、CF 交 AB 於 L，要證的即是 AM、BN、CL 交於一點。

如果以 A、B、C 分別表示 ΔABC 的三個角，a、b、c 表示 A、B、C 的對邊，r、s、t 分別表示 a、b、c 邊上的等腰三角形的腰。

i) 圖 10-6(1) 的情形，有

$$\frac{LA}{LB}\cdot\frac{MB}{MC}\cdot\frac{NC}{NA}=\frac{S_{\Delta AFC}}{S_{\Delta BFC}}\cdot\frac{S_{\Delta ADB}}{S_{\Delta ADC}}\cdot\frac{S_{\Delta CBE}}{S_{\Delta ABE}}$$

$$=\frac{bt\sin(A+\alpha)}{at\sin(B+\alpha)}\cdot\frac{cr\sin(B+\alpha)}{br\sin(C+\alpha)}\cdot\frac{as\sin(C+\alpha)}{cs\sin(A+\alpha)}=1\text{ 。}$$

於是由例 5 可知，AM、BN、CL 交於一點。

ii) 圖 10-6(2) 的情形，有

$$\frac{LA}{LB}\cdot\frac{MB}{MC}\cdot\frac{NC}{NA}=\frac{S_{\Delta AFC}}{S_{\Delta BFC}}\cdot\frac{S_{\Delta ADB}}{S_{\Delta ADC}}\cdot\frac{S_{\Delta CBE}}{S_{\Delta ABE}}$$

$$=\frac{bt\sin(360^\circ-A-\alpha)}{at\sin(B+\alpha)}\cdot\frac{cr\sin(B+\alpha)}{br\sin(C+\alpha)}\cdot\frac{as\sin(C+\alpha)}{cs\sin(360^\circ-A-\alpha)}$$

$=1$。

由於 M、N、L 中恰有兩點外分 ΔABC 的邊，所以由例 5 後面的説明（或塞瓦定理）可知，AM、BN、CL 共點，即 AD、BE、CF 交於一點。

練習題九

1. 在例 1 中，如果 P 為圓周上任一點，結論是否成立？
2. 在例 2 中，把條件「$AMCD$ 和 $MBEF$ 為正方形」改為「$AMCD$ 和 $BEFM$ 為相似矩形」，試證明結論成立。
3. ΔABC 的外接圓的半徑為 R，平面上任取一點 T，由 T 向 ΔABC 的三邊作垂線，垂足為 Q、P、S。設 T 到圓心的距離為 d。求證：

$$S_{\Delta QPS} = \frac{1}{4R^2}\left|R^2 - d^2\right| \cdot S_{\Delta ABC}。$$

4. 已知梯形 $ABCD$ 上、下底的和等於腰 AB。$\angle A$、$\angle B$ 的平分線交於 E。求證：C、D、E 三點共線。
5. 四邊形 $ABCD$ 外切於 $\odot O$，M、N 分別為 AC、BD 的中點。求證：M、N、O 三點共線。
6. 用面積關係證明：三角形的三條高交於一點。
7. 用塞瓦定理證明：三角形的三條中線、三條角平分線、三條高分別交於一點。
8. 用面積關係證明：在 ΔABC 的三邊 BC、CA、AB 上分別作正三角形 ΔBCD、ΔCAE、ΔABF，求證：AD、BE、CF 交於一點。[此點叫做 ΔABC 的「費馬 (Fermat) 點」]
9. 用面積關係證明：在 ΔABC 的三邊 BC、CA、AB 上分別作正方形，正方形中心順次為 D、E、F，求證：AD、BE、CF 交於一點。

第十一章

利用面積關係作幾何計算

計算題和證明題是相通的。有些證明題，特別是應用面積關係來做的時候，其證明過程就很像在計算。而一個計算題，如果題目中預先給出了計算的，便成了證明題。

利用面積關係作計算，基本方法仍然是列出面積方程，以下略舉數例，讀者不難觸類旁通。

〔例 1〕 菱形 $BFDE$ 的三頂點 D、E、F 分別在 ΔABC 的 AC、AB、BC 邊上。已知 $AB = c$，$BC = a$。求菱形的周長。（圖 11-1）

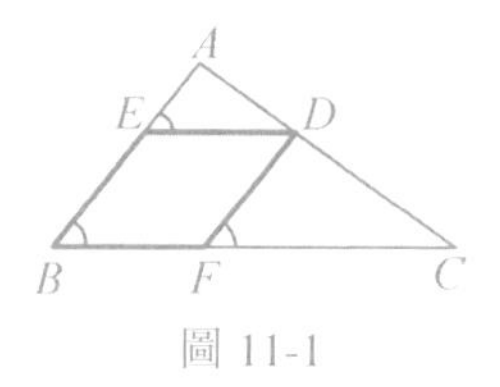

圖 11-1

解　設菱形邊長為 x，列出面積方程

$$S_{\Delta ABC} = S_{\Delta AED} + S_{\Delta DFC} + S_{BFDE},$$

由於 $\angle AED = \angle DFC = \angle B$，所以

$$\frac{1}{2}ac\sin B = \frac{1}{2}x(c-x)\sin B + \frac{1}{2}x(a-x)\sin B + x^2\sin B,$$

$$ac = x(c-x) + x(a-x) + 2x^2$$

$$= (a+c)x,$$

$$\therefore \qquad x = \frac{ac}{a+c}。$$

所以菱形周長為 $\dfrac{4ac}{a+c}$。

有些題目，未知量涉及的三角形比較多，在列面積方程時就應當有所選擇，盡可能把那些同時聯繫着未知量和已知量的三角形列入方程。

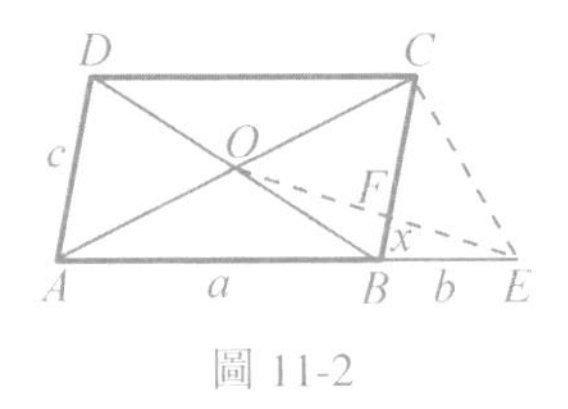

圖 11-2

〔例 2〕 ▱$ABCD$ 對角線的交點為 O。在 AB 的延長線上任取一點 E，連接 OE 交 BC 於 F。已知 $AB=a$，$AD=c$，$BE=b$，求 BF。（圖 11-2）

分析　和未知量 $x=BF$ 相聯繫的三角形頗多。有 ΔBFE、ΔBOF、ΔBOE，其中 ΔBOE 既有已知邊 b，又和有已知邊 a 的 ΔOAB 共頂點；同時，ΔBOE 和 ΔCOE 共底 OE，且已知線段 $BC=c$ 是它們的共線斜高的和。因此，我們可從 ΔOBE 入手。

解

$$\frac{S_{\Delta OBE}}{S_{\Delta OCE}}=\frac{BF}{FC}=\frac{x}{c-x},$$

又∵

$$AO=CO,$$

∴

$$\frac{S_{\Delta OCE}}{S_{\Delta OBE}}=\frac{S_{\Delta AOE}}{S_{\Delta OBE}}=\frac{AE}{BE}=\frac{a+b}{b},$$

∴

$$\frac{x}{c-x}=\frac{b}{a+b}。$$

解得

$$x=\frac{bc}{a+2b}。$$

下面的例題，初看似頗難入手，但用面積關係來做，卻特別簡便。

〔例 3〕 已知 D、E 是 AB 的三分點，即 $AD=DE=EB$；以 DE 為直徑作半圓，在半圓上任取一點 C。求證：

$$\tan\angle ACD\cdot\tan\angle BCE=\frac{1}{4}。$$（圖 11-3）

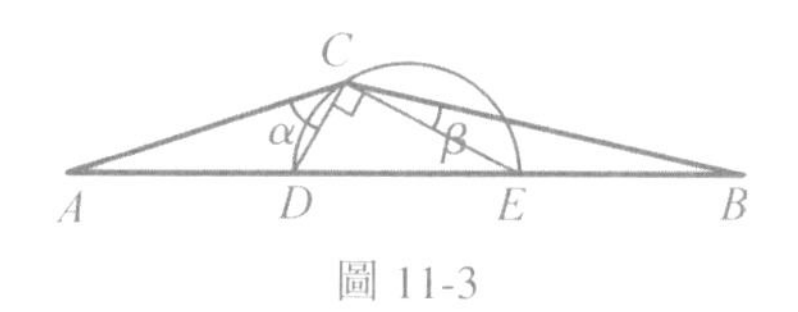

圖 11-3

證明　令 $\angle ACD=\alpha$，$\angle BCE=\beta$，由於

$$S_{\Delta CAD}=\frac{1}{2}AC\cdot DC\sin\alpha,$$

$$S_{\Delta CAE}=\frac{1}{2}AC\cdot CE\sin(\alpha+90^\circ),$$

又 $AE=2AD$，所以 $S_{\Delta CAE}=2S_{\Delta CAD}$，

兩式相比，得

$$\frac{1}{2}=\frac{S_{\Delta CAD}}{S_{\Delta CAE}}=\frac{DC\sin\alpha}{CE\sin(\alpha+90^\circ)}$$

$$=\frac{DC\sin\alpha}{CE\cos\alpha}=\frac{DC}{CE}\tan\alpha。$$

同理

$$\frac{1}{2}=\frac{S_{\Delta CBE}}{S_{\Delta CDB}}=\frac{CE}{DC}\tan\beta。$$

兩式相乘，得

$$\frac{1}{4}=\frac{DC}{CE}\cdot\frac{CE}{DC}\tan\alpha\cdot\tan\beta=\tan\alpha\cdot\tan\beta。$$

〔例 4〕　在 ΔABC 中，$\angle BAC=60^\circ$。$\angle A$ 的平分線交對邊 BC 於 D。AD 為 BD、CD 的比例中項，求 $\angle ADB$、$\angle ADC$。（圖 11-4）

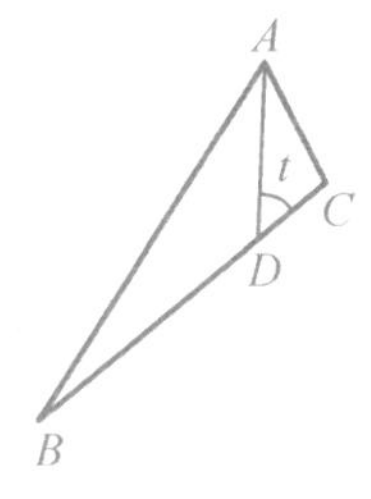

圖 11-4

解　令 $\angle ADC = t$，由面積公式

$$
\begin{aligned}
2S_{\Delta ABD} &= AB \cdot AD \cdot \sin 30^\circ \\
&= AB \cdot BD \sin B \\
2S_{\Delta ACD} &= AC \cdot AD \sin 30^\circ \\
&= AC \cdot DC \sin C。
\end{aligned}
$$

兩式相乘，得

$$AB \cdot AC \cdot AD^2 \cdot \sin^2 30^\circ = AB \cdot AC \cdot BD \cdot DC \cdot \sin B \sin C。$$

由題設 $AD^2 = BD \cdot DC$，又 $B = t - 30^\circ$，$C = 180^\circ - (t + 30^\circ)$，

$$
\begin{aligned}
\therefore \quad \sin^2 30^\circ &= \sin(t - 30^\circ)\sin(t + 30^\circ) \\
&= \sin^2 t \cdot \cos^2 30^\circ - \cos^2 t \cdot \sin^2 30^\circ，
\end{aligned}
$$

$$\therefore \quad \sin^2 t - \frac{1}{4} = \frac{1}{4}。$$

解得 $\sin t = \dfrac{\sqrt{2}}{2}$。由此可見，$\angle ADC$ 與 $\angle ADB$ 中，一角為 45°，另一角為 135°，看 AB、AC 誰大誰小而確定角的大小。

下面的例題是 1960 年國際數學競賽的試題，用面積關係來解似乎並不難。

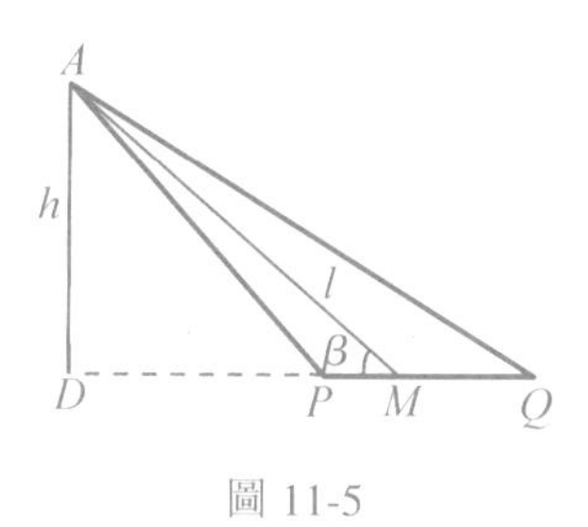

圖 11-5

〔例 5〕　已知直角 ΔABC 斜邊 BC 被分成 n 等分，n 為奇數。A 點對着含有斜邊中點那一小段的張角為 α，h 為 BC 上的高，斜邊的長為 a。求證：$\tan\alpha = \dfrac{4nh}{(n^2-1)a}$ 。

解　我們先解如圖 11-5 所示更為一般的問題：「已知 ΔAPQ 的中線 $AM = l$，高 $AD = h$ 以及 $PQ = 2d$，求 $\tan\angle PAQ$。」

由面積公式，得

$$2S_{\Delta APQ} = AP \cdot AQ\sin\angle PAQ = 2dh, \tag{1}$$

再先後對 ΔAPQ、ΔAPM、ΔAQM 使用餘弦定理，得

$$\begin{aligned} &2AP \cdot AQ\cos\angle PAQ = AP^2 + AQ^2 - PQ^2 \\ &= d^2 + l^2 - 2dl\cos\beta + d^2 + l^2 + 2dl\cos\beta - 4d^2 \\ &= 2(l^2 - d^2)。 \end{aligned} \tag{2}$$

由 (1) 式、(2) 式相比，得

$$\tan\angle PAQ = \frac{2dh}{l^2 - d^2}。 \tag{3}$$

把原題條件 $l = \dfrac{a}{2}$， $d = \dfrac{a}{2n}$ 代入 (3) ，得

$$\tan\alpha = \frac{\dfrac{a}{n} \cdot h}{\left(\dfrac{a}{2}\right)^2 - \dfrac{a^2}{4n^2}} = \frac{4ahn}{a^2(n^2-1)} = \frac{4nh}{a(n^2-1)}。$$

下面，我們利用上章練習題中第 3 題中的結果，導出關於三角形內心與外心距離的公式——**歐拉**（Euler）**公式**。

設 ΔABC 外接圓圓心為 O，內切圓圓心為 I，外接圓和內切圓的半徑分別為 R、r。求證：$OI^2 = R^2 - 2Rr$。

解　設⊙I 切 ΔABC 三邊於 Q、P、S，則 I 關於 ΔABC 的垂足三角形為 ΔQPS。由面積公式得

$$
\begin{aligned}
S_{\Delta QPS} &= \frac{1}{2}r^2\sin(180° - A) + \frac{1}{2}r^2\sin(180° - B) + \frac{1}{2}r^2\sin(180° - C) \\
&= \frac{1}{2}r^2(\sin A + \sin B + \sin C) \\
&= \frac{1}{2}r^2 \cdot \frac{1}{2R}(2R\sin A + 2R\sin B + 2R\sin C) \\
&= \frac{r}{2R} \cdot \frac{r}{2}(a + b + c) = \frac{r}{2R}S_{\Delta ABC}。
\end{aligned}
$$

將上述結果代入垂足三角形面積公式（練習題九中的第 3 題）得

$$S_{\Delta QPS} = \frac{1}{4R^2}\left|R^2 - d^2\right| \cdot S_{\Delta ABC}。$$

這裏，$d^2 = OI^2$，而且顯然 $R^2 - OI^2 > 0$，所以

$$\frac{r}{2R} = \frac{1}{4R^2}(R^2 - OI^2)，$$

$$\therefore \qquad OI^2 = R^2 - 2Rr。$$

練習題十

1. 在 ΔABC 中，BO 為 $\angle ABC$ 的平分線，在 AB 的延長線上任取一點 E，連接 OE 交 BC 於 F。已知 $AB=c$，$BC=a$，$BE=d$。求 BF。

2. 在 ΔABC 中，已知 $\angle A$ 和 a。又 BC 邊上的中線 AD 是 AB、AC 的比例中項。試求 AD 的長和 $\sin\angle ADC$。

3. $ABCD$ 為等腰梯形。$\odot O$ 與梯形的上底及兩腰相切。已知梯形的高為 5，下底為 4，$\odot O$ 的半徑為 1。求梯形的腰與下底夾角的餘弦。

4. 在 ΔABC 三邊上分別取點 D、E、F，使 $BD=2CD$、$CE=2AE$，$AF=2FB$，連接 AD、BE、CF 分別交於 P、Q、R 三點，求證：

$$S_{\Delta PRQ}=\frac{1}{7}S_{\Delta ABC}。$$

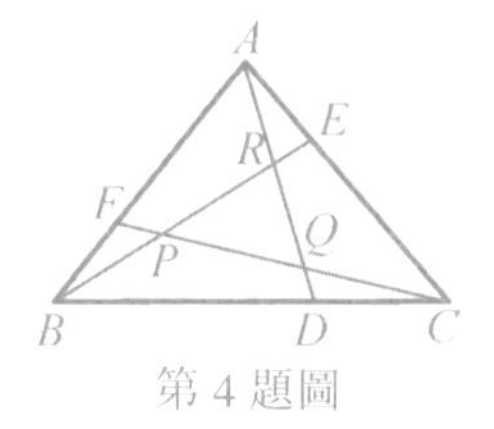

第 4 題圖

5. 在上題中，設 $BD=\lambda CD$，$CE=\mu AE$，$AF=\rho BF$，求證：

$$S_{\Delta PQR}=\frac{(1-\lambda\mu\rho)^2 S_{\Delta ABC}}{(1+\mu+\lambda\mu)(1+\rho+\mu\rho)(1+\lambda+\lambda\rho)}。$$

6. 在矩形 $ABCD$ 中，對角線 BD 的延長線上取一點 P。已知 $\tan\angle APC=0.6$，$AB=1$，$AD=2$，求 PD。

7. 梯形對角線 AC 與 BD 相交於 O 點，AB 是梯形的一腰。如果 ΔAOD 和 ΔBOC 的面積分別為 p^2、q^2，求梯形的面積。

8. 求 ΔABC 的旁心到外心的距離。

第十二章

面積關係與幾何不等式

前面所舉的例子，還沒涉及幾何不等式。但是，對幾何不等式的研究，近代已引起人們的廣泛興趣；談到幾何證題而忽略了幾何不等式，會使人感到不滿足。這兩章專門來談面積關係在證明幾何不等式時的運用。

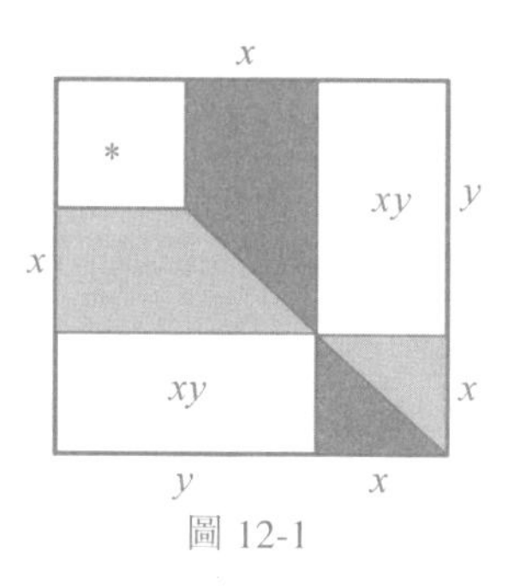

圖 12-1

幾何不等式五花八門，變化繁多。但究其根源，都是從最基本的代數不等式和最基本的幾何不等式推演而得。

最基本的代數不等式是 $x^2 \geq 0$，等號當且僅當 $x = 0$ 時成立，其幾何意義可理解為「邊長不為 0 的正方形其面積恆為正」。從這個不等式向前再走一步，便得到平均不等式的一種形式：

$$x^2 + y^2 \geq 2xy。$$

眾所周知，這個不等式可以用面積關係說明，如圖 12-1 所示，陰影部分面積恰為 $2xy$，所以 $x^2 + y^2$ 比 $2xy$ 多出了正方形 * 之面積。

另一方面，最基本的幾何不等式是：「在任意三角形中，大邊對大角，大角對大邊。」這個事實也容易從面積關係導出。事實上，由三角形面積公式得

$$\frac{1}{2}ab\sin C = \frac{1}{2}ac\sin B，$$

約去$\dfrac{a}{2}$，得 $b\sin C = c\sin B$。當 $b > c$ 時，$\sin B > \sin C$，反之亦成立。

但是，$\sin B > \sin C$ 和 $B > C$ 是不是等價的呢？容易用面積包含關係證明。

〔例 1〕　如果 $\alpha > 0$，$\beta > 0$，$\alpha + \beta < \pi$，那麼不等式 $\alpha > \beta$ 和 $\sin\alpha > \sin\beta$ 等價。

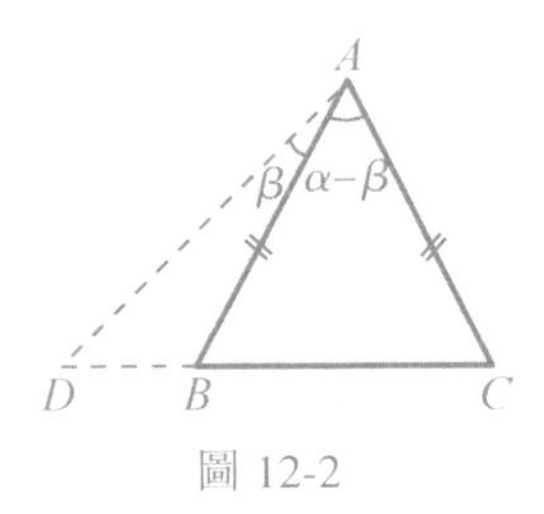

圖 12-2

證明　如圖 12-2，作頂角 $A = \alpha - \beta$ 的等腰 ΔABC，在 CB 的延長線上取一點 D，使 $\angle DAB = \beta$。（為甚麼可能？）那麼顯然有

$$S_{\Delta ADC} > S_{\Delta ADB}，$$

即
$$\frac{1}{2}AD \cdot AC\sin\alpha > \frac{1}{2}AD \cdot AB\sin\beta，$$

由 $AB = AC$，即得 $\sin\alpha > \sin\beta$。又因當 $\alpha = \beta$ 時，$\sin\alpha = \sin\beta$，所以可知當 $\sin\alpha > \sin\beta$ 時，必有 $\alpha > \beta$。

請讀者注意：$\alpha + \beta < \pi$ 這個條件不可少。並請想一想：在證明過程中，甚麼地方用到了條件 $\alpha + \beta < \pi$？

從最基本的幾何不等式「三角形中大邊對大角、大角對大邊」出發再走一步，便得到另一個簡單而又用途廣泛的命題「三角形兩邊之和大於第三邊」。這個命題也可以由其他途徑得到。例如，由餘弦定理，得

$$a^2 = b^2 + c^2 - 2bc\cos A < b^2 + c^2 + 2bc = (b+c)^2,$$

$$\therefore \quad a < b + c。$$

或者，用正弦定理，易知 $a < b + c$ 等價於

$$\sin A < \sin B + \sin C,$$

因為

$$\sin A = \sin(B + C) = \sin B\cos C + \cos B\sin C < \sin B + \sin C,$$

從而可證得所要的不等式。

但是，在前面已經指出，正弦定理、和角公式、餘弦定理都可以從面積關係導出，由此可見，基本的代數、幾何、三角不等式，都是和面積關係相通的。因此，當我們看到許多其他的幾何不等式可以利用面積關係加以證明時，就不應當驚奇了。

應用面積關係證明不等式，大體上有兩類方法：

1. 面積模型法：把所要證的不等式的兩端用兩塊面積表示，然後用割補法或面積包含關係證明一塊比另一塊大。如對不等式 $x^2 + y^2 \geq 2xy$ 的説明及例題 1，都用了面積模型法。

2. 等式轉化法：先利用面積關係導出一些等式，從這些等式出發，或者放大、縮小某一端，或者和某些已知的不等式配合，以導出所要的不等式。

例如，前面用餘弦定理證明「三角形兩邊之和大於第三邊」，便是「等式轉化法」的簡單例子。絕大多數不等式可由等式轉化而證得。用面積模型法證明的，一般都是一些簡單的幾何不等式，請看下面兩例。

〔例 2〕 如果 $\frac{\pi}{2} > x_1 > x_2 > 0$，求證：

$$\frac{\tan x_1}{x_1} > \frac{\tan x_2}{x_2}。$$

證明　作直角三角形 OAC 使 $A=90°$，$\angle COA=x_1$，在 AC 上取 B 點，使 $\angle BOA=x_2$。過 B 作以 O 為圓心的圓弧交 OC 於 D、交 OA 的延長線於 E（圖 12-3）。於是

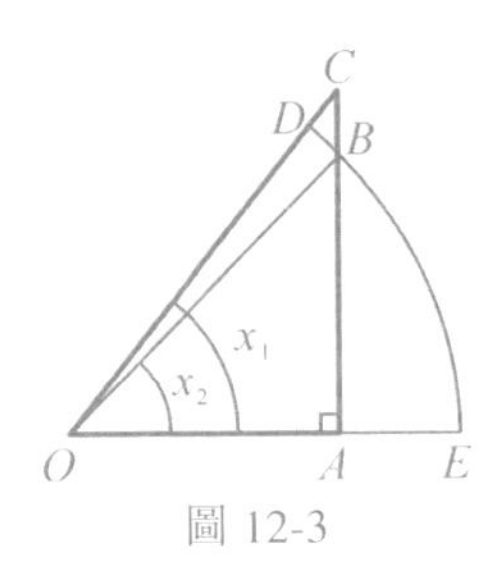

圖 12-3

$$\frac{\tan x_1}{\tan x_2}=\frac{S_{\Delta OAC}}{S_{\Delta OAB}}=1+\frac{S_{\Delta OBC}}{S_{\Delta OAB}}$$

$$>1+\frac{\text{扇形 }OBD\text{ 面積}}{\text{扇形 }OEB\text{ 面積}}$$

$$=1+\frac{x_1-x_2}{x_2}=\frac{x_1}{x_2}\text{。}$$

〔例 3〕　在 ΔABC 內任取一點 P。連接 AP、BP、CP 分別交對邊於 A'、B'、C'。那麼在比值 $\frac{AP}{PA'}$、$\frac{BP}{PB'}$、$\frac{CP}{PC'}$ 中，必有不大於 2 者，也必有不小於 2 者。（圖 12-4）

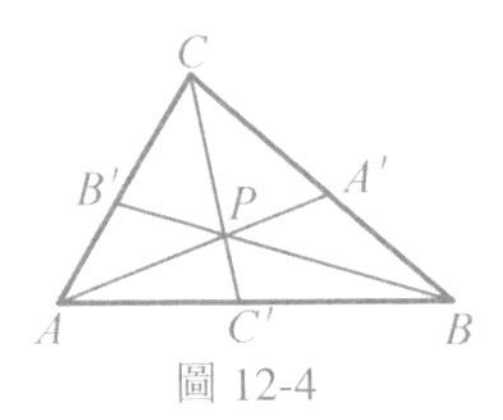

圖 12-4

證明　不妨設

$$S_{\Delta PAB} \le S_{\Delta PBC} \le S_{\Delta PCA},$$

那麼

$$S_{\Delta PAB} \le \frac{1}{3}S_{\Delta ABC}，S_{\Delta PCA} \ge \frac{1}{3}S_{\Delta ABC}。$$

$$\therefore \qquad \frac{PC'}{CC'} = \frac{S_{\Delta PAB}}{S_{\Delta ABC}} \le \frac{1}{3},$$

即 $PC' \le \frac{1}{3}CC'$，從而 $PC \ge \frac{2}{3}CC'$，

$$\therefore \qquad \frac{CP}{PC'} \ge 2。$$

同樣，$\frac{PB'}{BB'} = \frac{S_{\Delta PCA}}{S_{\Delta ABC}} \ge \frac{1}{3}$，即 $PB' \ge \frac{1}{3}BB'$，從而 $PB \le \frac{2}{3}BB'$，所以 $\frac{BP}{PB'} \le 2$ 。

以上兩題，證起來似乎很輕鬆，但卻都是國外的中學生數學競賽試題呢！應用面積模型，還可以毫不費力地證明不等式：

$$\sin x < x < \tan x。\left(0 < x < \frac{\pi}{2}\right)$$

這只要分析一下圖 12-5 就可證實了。圖中 $\overset{\frown}{AC}$ 是以 O 為心，半徑為 1 的弧，

$$S_{\Delta OAC} = \frac{1}{2}\sin x,$$

$$扇形\ OAC\ 面積 = \frac{1}{2}x,$$

$$S_{\Delta OAB} = \frac{1}{2}\tan x。$$

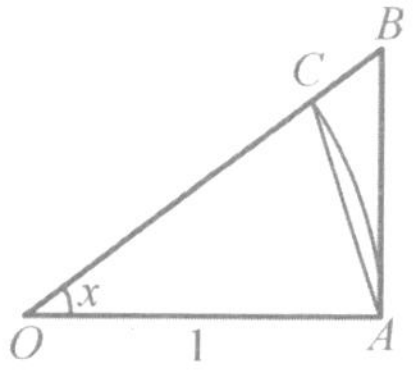

圖 12-5

這個不等式，是微積分學中一個重要的極限式

$$\lim_{x \to 0} \frac{\sin x}{x} = 1$$

的來源 ①。

用等式轉化法，證明不等式是比較靈活的。

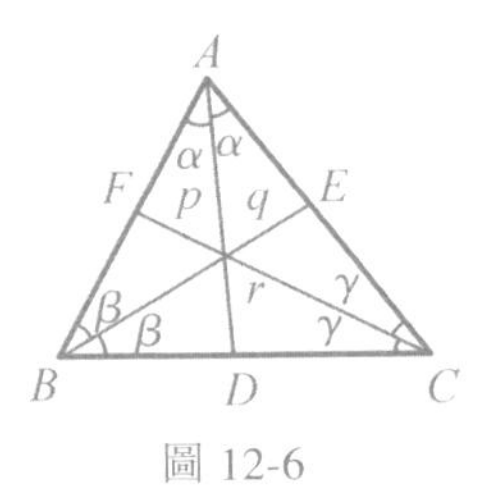

圖 12-6

〔例 4〕　設 ΔABC 三邊為 a、b、c，角平分線為 p、q、r，求證：

$pqr \leq \dfrac{3\sqrt{3}}{8}abc$。

證明　如圖 12-6 所示，

$$p = AD，q = BE，r = CF；$$

由於

$$S_{\Delta ABC} = S_{\Delta ABD} + S_{\Delta ACD}，$$

∴ $$\frac{1}{2}bc\sin 2\alpha = \frac{1}{2}cp\sin\alpha + \frac{1}{2}bp\sin\alpha$$

整理，得　$2bc\cos\alpha = p(b + c)$。

同理，得　$2ac\cos\beta = q(a + c)$，

$2ab\cos\gamma = r(a + b)$。

---

① 由 $\sin x < x$，得 $\dfrac{\sin x}{x} < 1$；由 $x < \tan x$，得 $\cos x < \dfrac{\sin x}{x}$，即當 $0 < x < \dfrac{x}{2}$時，$\cos x < \dfrac{\sin x}{x} < 1$，令 $x \to 0$，$\cos x \to 1$，即得 $\dfrac{\sin x}{x} \to 1$。

三式相乘，得

$$8(abc)^2\cos\alpha\cos\beta\cos\gamma = pqr(a+b)(b+c)(c+a)\text{，} \tag{1}$$

再利用平均不等式

$$a+b \geq 2\sqrt{ab}\text{，}b+c \geq 2\sqrt{bc}\text{，}c+a \geq 2\sqrt{ac}\text{，}$$

將 (1) 式轉化為

$$\begin{aligned} pqr &\leq abc\cos\alpha\cos\beta\cos\gamma \\ &\leq abc\left(\frac{\cos\alpha+\cos\beta+\cos\gamma}{3}\right)^3 \\ &\leq abc\cos^3\left(\frac{\alpha+\beta+\gamma}{3}\right) = \frac{3\sqrt{3}}{8}abc\text{。} \end{aligned}$$

以上證明的最後一步，用到不等式

$$\frac{\cos\alpha+\cos\beta+\cos\gamma}{3} \leq \cos\frac{\alpha+\beta+\gamma}{3}\text{，}$$

$$\left(0 \leq \alpha \leq \frac{\pi}{2}\text{，}0 \leq \beta \leq \frac{\pi}{2}\text{，}0 \leq \gamma \leq \frac{\pi}{2}\text{，}\alpha+\beta+\gamma \geq \frac{\pi}{2}\right)$$

而它等價於

$$\frac{\sin\lambda+\sin\mu+\sin\rho}{3} \leq \sin\frac{\lambda+\mu+\rho}{3}\text{。}$$

$$(\lambda \geq 0\text{，}\mu \geq 0\text{，}\rho \geq 0\text{，}\lambda+\mu+\rho \leq \pi)$$

這個不等式用面積模型來證明並不難，事實上，我們有更為一般的結論，即：

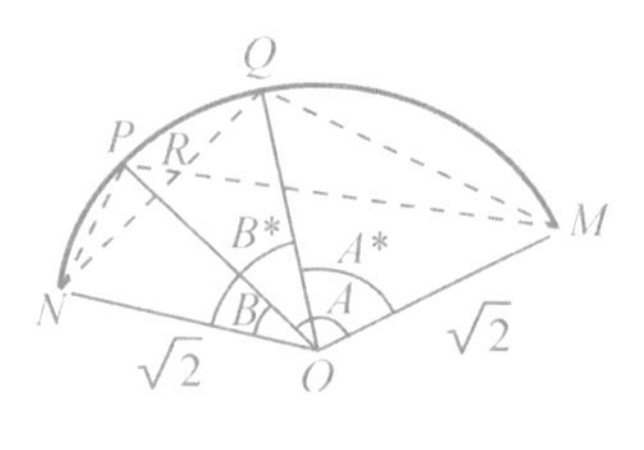

圖 12-7

〔例 5〕　如果 $A>0$，$B>0$，$A+B\le\pi$, 又有 $A^*+B^*=A+B$，而且 $A\ge A^*\ge B^*\ge B$，那麼必有

$$\sin A+\sin B\le\sin A^*+\sin B^*。$$

證明　在以 O 為圓心，以 $\sqrt{2}$ 為半徑的圓上，取 M、N、P、Q 四點（圖 12-7），並使

$$\angle MOQ=A^*，\angle QON=B^*，$$

$$\angle MOP=A，\angle PON=B。$$

顯然有

$$\begin{aligned}\sin A^*+\sin B^* &= S_{\Delta MOQ}+S_{\Delta QON}\\ &= S_{\Delta MOP}+S_{\Delta PON}+S_{\Delta MQR}-S_{\Delta NPR}\\ &= \sin A+\sin B+(S_{\Delta MQR}-S_{\Delta NPR})。\end{aligned}$$

由於 $\Delta MQR\sim\Delta NPR$，而且 $A^*\ge B$，所以 $MQ\ge NP$，從而可得 $S_{\Delta MQR}-S_{\Delta NPR}\ge 0$（等號當且僅當 P、Q 重合，即 $A^*=A$ 時成立）。於是

$$\sin A^*+\sin B^*>\sin A+\sin B，$$

等號僅當 A、B 和 A^*、B^* 一致時成立。

在上述證明中可以看到，當 $A^*=B^*=\dfrac{A+B}{2}$ 時，有

$$\frac{1}{2}(\sin A+\sin B)\le\sin\frac{A+B}{2}。$$

連用這個命題 $(n-1)$ 次，可得到很有用的三角不等式

$$\frac{1}{n}(\sin\alpha_1+\cdots+\sin\alpha_n)\le\sin\frac{1}{n}(\alpha_1+\cdots\alpha_n)。$$

$$(\alpha_i\ge 0；\alpha_1+\alpha_2+\cdots+\alpha_n\le\pi)$$

下面的例，是 1979 年美國數學奧林匹克賽題，用面積關係來證，相當容易。

〔例 6〕　在 $\angle A$ 內有一定點 P，過 P 作直線交兩邊於 B、C，問 $\left(\dfrac{1}{PB}+\dfrac{1}{PC}\right)$ 何時取得最大值？

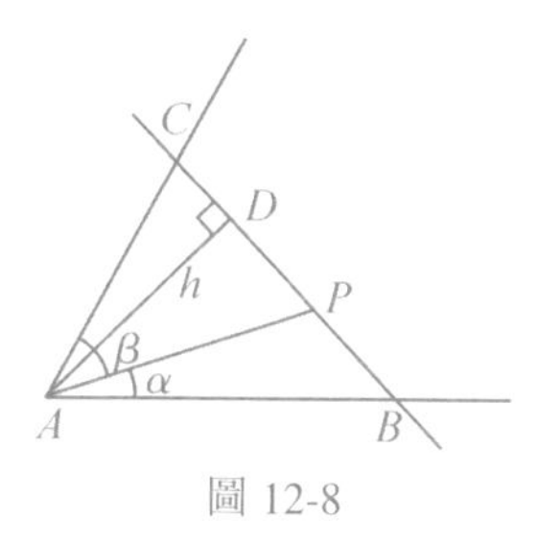

圖 12-8

解　如圖 12-8，令

$$\angle PAB=\alpha，\angle PAC=\beta，$$

在 BC 上取 D 使 $AD\perp BC$，設 $AD=h$，並用 S_{Δ_1}、 S_{Δ_2} 分別表示 ΔABP、ΔACP 的面積，根據面積公式有

$$\begin{aligned}\frac{1}{PC}+\frac{1}{PB}&=\frac{h}{2}\left(\frac{1}{S_{\Delta_1}}+\frac{1}{S_{\Delta_2}}\right)=\frac{h}{2}\cdot\frac{S_{\Delta ABC}}{S_{\Delta_1}S_{\Delta_2}}\\&=\frac{h}{2}\cdot\frac{2AB\cdot AC\cdot\sin(\alpha+\beta)}{AB\cdot AC\cdot AP^2\sin\alpha\cdot\sin\beta}\\&=h\cdot\frac{\sin(\alpha+\beta)}{AP^2\sin\alpha\cdot\sin\beta}\\&\le\frac{\sin(\alpha+\beta)}{AP\sin\alpha\cdot\sin\beta}。\end{aligned}$$

上式右邊為常數，所以，當 $h=AP$，即 $BC\perp AP$ 時，$\dfrac{1}{PC}+\dfrac{1}{PB}$ 取得最大值。

另外，關於面積的一些不等式的證明離不開面積關係，限於篇幅，此處從略。有興趣的讀者可參看單墫著的《幾何不等式》、蔡宗熹著的《等周問題》等。

練習題十一

1. 已知點 G 是 ΔABC 的重心，過 G 點作直線分別交三角形的邊 AB、AC 於 E、F。求證：$EG \leq 2GF$。
2. 求證：如果四面體的各個二面角都為銳角，那麼這六個二面角的餘弦的幾何平均值不超過 $\frac{1}{3}$。
3. (1) 如果銳角 α、β、γ 的和為 $90°$。求證：$\sin\alpha + \sin\beta + \sin\gamma \geq 1$。

   (2) 如果銳角 α、β、γ 滿足 $\alpha + \beta - \gamma = 90°$。求證：$\sin\alpha + \sin\beta - \sin\gamma \geq 1$。
4. 在正 ΔABC 內任取一點 P，自 P 向 ΔABC 三邊作垂線 PD、PE、PF，D、E、F 為垂足，Q 為平面上任一點。求證：

   $$QD + QE + QF \geq PD + PE + PF，$$

   等號當且僅當 P、Q 重合時成立。
5. ΔABC 是正三角形，P 為平面上任一點，求證：$PA + PB \geq PC$，在甚麼情況下等式成立？
6. 凸四邊形 $ABCD$ 對角線 AC、BD 相交於 O，如果 $S_{\Delta ADO} \geq S$，$S_{\Delta BCO} \geq S$，求證：$S_{\Delta ABO} + S_{\Delta CDO} \geq 2S$。
7. 在凸四邊形 $ABCD$ 中，求證：

   $$\frac{AB + CD}{2} \cdot \frac{BC + AD}{2} \geq \frac{1}{2} AC \cdot BD。$$
8. 求證：對任意 ΔABC 有 $a^2 + b^2 + c^2 \geq 4\sqrt{3} \cdot S_{\Delta ABC}$。
9. 在 ΔABC 內任取一點 P，由 P 向三邊作垂線，垂線的長為 p、q、r；又點 P 到三頂點的距離為 x、y、z。求證：

   (1) $pqr \leq \frac{1}{8} xyz$；

   (2) $pqr \leq \frac{\sqrt{3}}{72} abc$。

10. 已知 $a_1 \geq a_2 \geq \cdots \geq a_n$；$a_1 + a_2 + \cdots + a_n = 300$；而 $a_1^2 + a_2^2 + \cdots + a_n^2 \geq 10000$ 。求證：$a_1 + a_2 + a_3 > 100$ 。

11. ΔABC 外接圓半徑為 R，內切圓半徑為 r。求證：

$2r \leq R$，或 $r \leq \frac{2}{3}(\sin A \cdot \sin B \cdot \sin C)^{\frac{2}{3}} R$ 。

12. ΔABC 外接圓半徑為 R，求證：$a^2 + b^2 + c^2 \leq 9R^2$ 。

第十三章

幾個著名定理的面積證法

這一章，我們來證明三個與不等式有關的著名定理。有趣的是，這三個定理在證明過程中都用到了面積關係。

第一個與斯坦納（Steiner）問題有關。所謂斯坦納問題是這樣的：有 A、B、C 三個村莊，各村莊的小學生人數分別為 a、b、c，把學校建在甚麼地方，才能使所有學生所走的路程總和最短？即：給了平面上三個點，如何在三點所在的平面上選取點 P，使 $aPA + bPB + cPC$ 取得最小值？

容易證明，P 點在 ΔABC 的外部是一定不行的。下面的定理告訴我們，應當如何在 ΔABC 之內選擇點 P。

〔例 1〕 **斯坦納（Steiner）定理** 設點 M 是 ΔABC 內一點，使

$$\frac{\sin\angle BMC}{a} = \frac{\sin\angle CMA}{b} = \frac{\sin\angle AMB}{c},$$

又設 P 為 ΔABC 內任一點。求證：

$$aPA + bPB + cPC \geq aMA + bMB + cMC。$$

其等號僅當 P 與 M 重合時成立。

證明 如圖 13-1，過 A、B、C 分別作 MA、MB、MC 之垂線。設三垂線構成了三角形 DEF，那麼 $\sin D = \sin\angle BMC$，$\sin E = \sin\angle CMA$，$\sin F = \sin\angle AMB$。

由正弦定理和題設的比例式，得

$$\frac{EF}{a} = \frac{DF}{b} = \frac{DE}{c} = k。(k > 0)$$

由面積公式，得

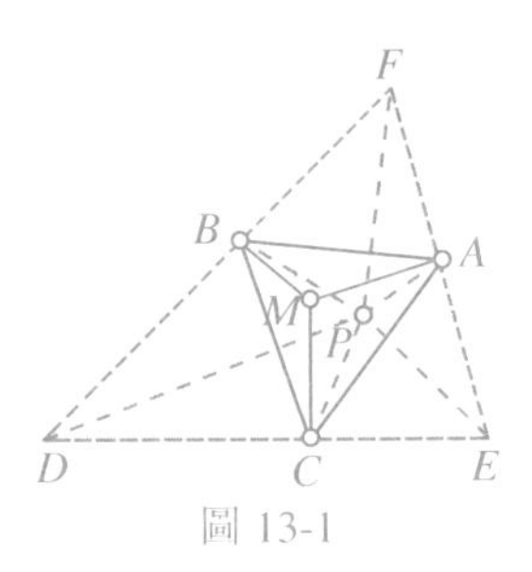

圖 13-1

$$S_{\Delta DEF} = S_{\Delta FME} + S_{\Delta FMD} + S_{\Delta DME}$$

$$= \frac{1}{2}(EF \cdot MA + FD \cdot MB + DE \cdot MC)$$

$$= \frac{k}{2}(a \cdot MA + b \cdot MB + c \cdot MC) \text{。}$$

另一方面有 $\frac{k}{2}(a \cdot PA + b \cdot PB + c \cdot PC)$

$$= \frac{1}{2}(EF \cdot PA + FD \cdot PB + DE \cdot PC)$$

$$\geq S_{\Delta PEF} + S_{\Delta PDF} + S_{\Delta PDE} = S_{\Delta DEF} \text{。}$$

$\therefore$ $\frac{k}{2}(a \cdot PA + b \cdot PB + c \cdot PC)$

$$\geq \frac{k}{2}(a \cdot MA + b \cdot MB + c \cdot MC) \text{。}$$

想要等號成立，顯然，必須有 $EF \perp PA$、$FD \perp PB$、$DE \perp PC$ 同時成立，也就是 P 點與 M 點必須重合。

讀者容易發現，假設 P 點在 ΔABC 內的條件是多餘的。也就是説：P 是平面上任意一點時，所證的不等式仍然成立。不過要細緻地進行討論。

另外，滿足題設條件的 M 是否一定在 ΔABC 內存在呢？顯然不見得。因為，如果這樣的 M 存在，一定有一個非退化三角形，它的三邊

分別為 a、b、c。這樣 a、b、c 三個數中任一個必須小於另外兩個之和。如果不然，例如：$a \geq b + c$，這時，它的解就是把學校設在學生最多的那個村莊。想一想，為甚麼？

另外，即使存在 ΔDEF，使它的三邊分別與 a、b、c 成比例，顯然還應當有

$$\angle AMB > \angle ACB，\angle CMA > \angle CBA，\angle BMC > \angle BAC。$$

也就是說，ΔDEF 的三個角 D、E、F 和 ΔABC 的三個角 A、B、C 之間還應當有（位置如圖 13-1）

$$E + F > A，D + F > B，D + E > C。$$

如果不然，當 $E + F \leq A$ 時，學校應設在 A 處，等等。這些，這裏不再細細討論了。

取 $a = b = c$ 的特例，所得的 M 點顯然應當滿足 $\angle AMB = \angle BMC = \angle CMA = 120°$。這樣的點 M 到 A、B、C 三點距離之和最小，M 叫做 ΔABC 的費馬點。有趣的是：如果分別在 ΔABC 三邊上向外作正三角形 ΔBCL、ΔCAM、ΔABN，則 LA、MB、NC 三直線恰好交於 ΔABC 的費馬點 M。這一點，請讀者參考練習題九第 8 題自己加以思考。①

〔例 2〕　光線由 A 到 B，在介質分介面 l 上折射。設 C 為 l 上一點，直線 AC、BC 與 l 所夾銳角分別為 θ_1、θ_2，又設 C' 是 l 上另一點。求證：當 v_1、v_2（光線在兩種不同介質中的速度）滿足

$$v_1 : v_2 = \cos\theta_1 : \cos\theta_2$$

時，必有

---

① 關於這種特例的另一種證法可參看《大陸地區數學競賽題解》（九章出版社）第 148 頁，1978 年高中數學競賽第 5 題（陝西省供題）之題解。

$$\frac{AC'}{v_1}+\frac{BC'}{v_2}>\frac{AC}{v_1}+\frac{BC}{v_2}\text{。}$$

所要證的不等式的物理意義是：光線按折射定律運行時，所費時間最少。因而，如果我們承認了費馬的光行最速原理，由這一數學命題，便可推出光的折射律。

有趣的是：這個數學命題的提出，雖然已有三百多年了。但直到近代，還有好幾位數學家，認為用初等幾何或初等三角方法（即不用微積分）來證明它是很困難的。其實不然，人們後來發現這個命題的初等證法相當多，而且最早可追溯到1690年惠更斯（Huygens）的證法。有興趣的讀者可參看《初等數學論文》(3) 中，鐵錚的文章。下面提供一個應用面積關係的證法。

證明　設 B^* 是 B 點關於 l 的對稱點（圖 13-2）。

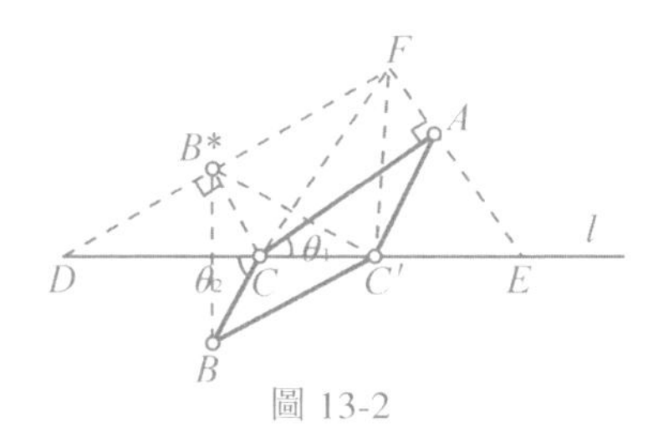

圖 13-2

$B^*C=BC$，$B^*C'=BC'$。

過 A、B^* 分別作 CA、CB^* 的垂線，順次交 l 於 E、D；兩直線交於 F。在 ΔDEF 中，

$$EF\cdot C'A+DF\cdot C'B^*>2(S_{\Delta C'EF}+S_{\Delta C'DF})$$

$$=2S_{\Delta DEF}=2(S_{\Delta CEF}+S_{\Delta CDF})$$

$$=EF\cdot CA+DF\cdot CB^*\text{。}$$

由正弦定理，得

$$\frac{EF}{DF}=\frac{\sin\angle FDE}{\sin\angle FED}=\frac{\cos\theta_2}{\cos\theta_1}=\frac{v_2}{v_1}\ ,$$

$$\therefore \qquad v_2\cdot AC'+v_1\cdot B^*C'>v_2\cdot AC+v_1\cdot B^*C。$$

兩端除以 v_1v_2，並以 BC'、BC 代替 B^*C'、B^*C，即得所要證的不等式。

第三個例子，是托勒密不等式。

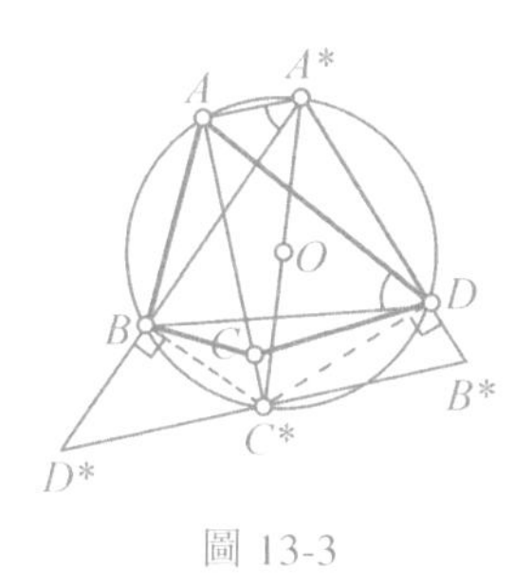

圖 13-3

〔例 3〕　如圖 13-3，設 $ABCD$ 是凸四邊形，求證：

$$AC\cdot BD\leq AB\cdot CD+AD\cdot BC,$$

等號當且僅當 A、B、C、D 共圓時成立。

證明　等式成立的情形，我們在第八章已證明過了，這裏，我們用面積關係再給出一個證明。

作 ΔABD 的外接圓⊙O，不妨設 C 不在圓外（否則可換作 ΔABC 的外接圓，D 不在圓外）。連接 AC，並延長交 $\overset{\frown}{BD}$ 於 C^*。過 C^* 作直徑 A^*C^*，作直線 A^*B、A^*D，又過 C^* 作直線平行於 AA^* 分別交直線 A^*B、A^*D 於 D^*、B^*。於是

$$\angle BAD=\angle B^*A^*D^*，\angle D^*=\angle AA^*B=\angle ADB,$$

$$\therefore \qquad \Delta ABD\sim\Delta A^*B^*D^*。$$

$$A^*B^* = kAB，A^*D^* = kAD，B^*D^* = kBD，$$

而且 AC^* 等於 $\Delta A^*B^*D^*$ 在 B^*D^* 上的高。因而

$$\begin{aligned} & BC^* \cdot A^*D^* + DC^* \cdot A^*B^* \\ =& 2(S_{\Delta A^*C^*D^*} + S_{\Delta A^*C^*B^*}) \\ =& 2S_{\Delta A^*B^*D^*} = AC^* \cdot B^*D^*。\end{aligned}$$

$$\therefore \quad BC^* \cdot AD + DC^* \cdot AB = AC^* \cdot BD。$$

由此可見，如果 A、B、C、D 共圓，即 C 與 C^* 重合時，所要證的不等式等號成立。

如果 C 與 C^* 不重合，那麼 BC、DC 不都垂直於 A^*D^*、A^*B^*，因而

$$\begin{aligned} & BC \cdot A^*D^* + CD \cdot A^*B^* + CC^* \cdot B^*D^* \\ >& 2(S_{\Delta A^*D^*C} + S_{\Delta A^*B^*C} + S_{\Delta B^*D^*C}) \\ =& 2S_{\Delta A^*B^*D^*} = AC^* \cdot B^*D^*。\end{aligned}$$

$$\begin{aligned} \therefore \quad & BC \cdot A^*D^* + CD \cdot A^*B^* \\ >& (AC^* - CC^*) \cdot B^*D^* \\ =& AC \cdot B^*D^*。\end{aligned}$$

再以 $A^*B^* = kAB$ 等代入，即得所要證的不等式；當 A、B、C、D 共圓時，等號成立。

附帶提一句，托勒密不等式對任意四邊形也成立。其他情形，略加討論，就可化為凸四邊形的情形，這裏從略。

第十四章

帶號面積和面積坐標

前面提到的面積，都是正的，但如果引進了帶負號的面積，有時更為方便。

按通常的約定，一個簡單多邊形的面積的正負，依照所規定的邊「走向」而定：如果指定邊界走向為逆時針方向，那麼面積為正；如果邊界走向為順時針方向，那麼面積為負。至於邊界的走向，可以在圖上用箭頭表示，也可以用頂點的排列順序表明（圖 14-1）。

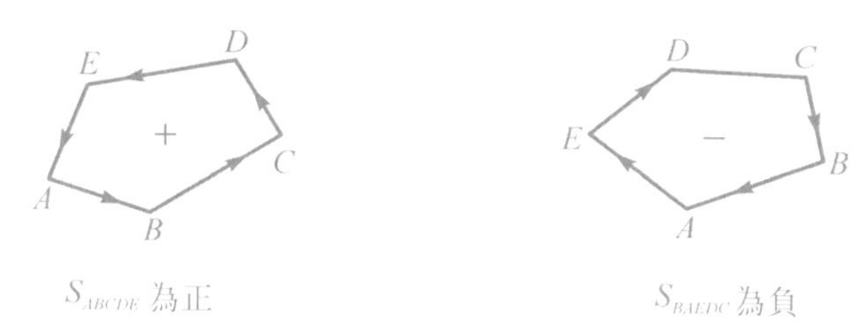

圖 14-1

以後，為了區別帶號與不帶號面積，我們在表示面積的符號上劃一橫線，以表示帶號面積。如

$$\overline{S}_{ABCD} = -\overline{S}_{DCBA}，$$

$$\overline{S}_{\Delta ABC} = -\overline{S}_{\Delta BAC}，$$

等等。

採用帶號面積，可以更為簡潔地表達一些幾何事實。例如，凸四邊形 $ABCD$ 的面積，等於 ΔABD 與 ΔBCD 面積的和，可表達為 $S_{ABCD} = S_{\Delta ABD} + S_{\Delta BCD}$；如果 C 點在 ΔABD 的內部，那麼四邊形 $ABCD$ 的面積可表達為

$$S_{ABCD} = S_{\Delta ABD} - S_{\Delta BCD}。$$

如果採用帶號面積的記法，就可以統一表達為

$$\overline{S}_{ABCD} = \overline{S}_{\Delta ABD} + \overline{S}_{\Delta BCD}。$$

讀者自己可檢驗如圖 14-2 所示的四邊形，不論 $ABCD$ 是順時針還是逆時針旋轉，這個關係總是成立的。有趣的是，兩個三角形相合併時，公共邊界上的走向彼此相反。把這條走向相反的邊「抵銷」後，剩下的恰是所拼得的圖形。

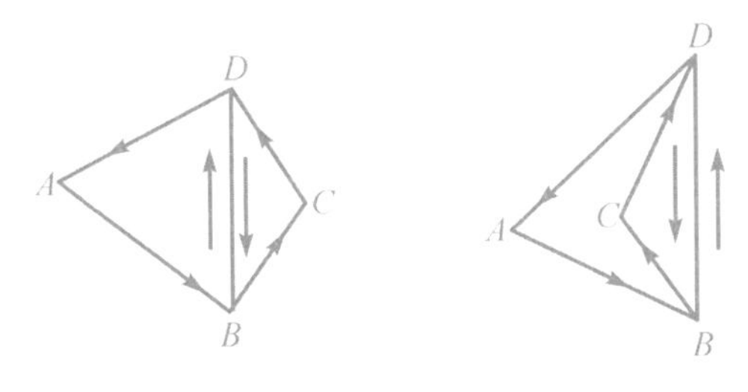

圖 14-2

類似地，引進「有向角」的概念。約定，如果 $\bar{S}_{\Delta ABC}$ 的頂點 $A-B-C$ 按逆時針方向旋轉，那麼 $\angle ABC$ 為正角，反之為負角，並用記號 $\measuredangle ABC$ 表示有向角。顯然，$\measuredangle ABC$ 所表示的正是由 $\overline{BC}$ 轉到 $\overline{BA}$ 所轉過的角度。按照這種記法，三角形帶號面積公式為

$$\bar{S}_{\Delta ABC} = \frac{1}{2}bc\sin\measuredangle CAB = \frac{1}{2}ac\sin\measuredangle ABC = \frac{1}{2}ab\sin\measuredangle BCA \text{ 。}$$

而四邊形帶號面積公式為

$$\bar{S}_{ABCD} = \frac{1}{2}AC \cdot BD\sin(\overline{AC} \,\hat{,}\, \overline{BD}) \text{ 。}$$

這裏 $\overline{AC} \,\hat{,}\, \overline{BD}$ 表示由 $\overline{AC}$ 到 $\overline{BD}$ 所轉過的角。這樣的公式，把各種情形都統一起來了。即使在 AB 和 CD 相交時，它仍有意義，這時 $\bar{S}_{ABCD}$ 表示的是 $ABCD$ 由於邊自交而形成的兩塊面積的代數和（如圖 14-3）。這一點，請讀者自己檢驗。

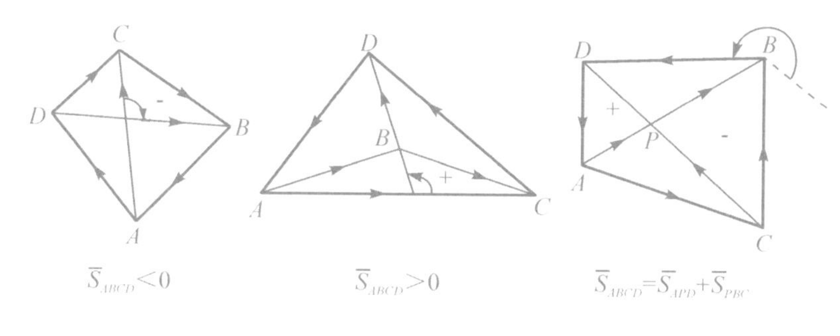

圖 14-3

當把三角形面積比化為線段比時，可以相應地採用有向線段和帶號比值。這樣，在第六章裏講過的比例定理對於帶號面積的比依然成立。即

比例定理　如果直線 PQ 交直線 AB 與 M，那麼

$$\frac{\overline{S}_{\Delta PAB}}{\overline{S}_{\Delta QAB}}=\frac{\overline{PM}}{\overline{QM}}\text{。}$$

式中的正、負號，留給讀者自己驗證。

關於張角關係，一般表述如下：

張角關係　由 P 點發出的三射線 PA、PB、PC，A、B、C 三點共線的充要條件是

$$\frac{\sin\measuredangle APB}{PC}=\frac{\sin\measuredangle CPB}{PA}+\frac{\sin\measuredangle APC}{PB}\text{。}$$

或者寫成

$$\frac{\sin\measuredangle BPC}{PA}+\frac{\sin\measuredangle CPA}{PB}+\frac{\sin\measuredangle APB}{PC}=0\text{。}$$

這樣，在已知條件中就不必加上「點 C 在 AB 上」之類的説明了。

我們用帶號面積、有向角、帶號比值敍述面積公式、張角關係、比例定理這些基本命題之後，就可以使過去證明過的許多結論變得應

用更為廣泛，證明更為簡潔。例如，正弦加法定理和正弦減法定理便可以統一起來。第八章例 1 中的 P 點可取在 ΔABC 的外部（但結論用帶號比值表示，三個比值之積為 -1），第十章例 6 的證明也可不再分兩種情形討論，等等，讀者不妨自己驗證一下這些結論。

在帶號面積的基礎上，我們初步介紹一下「面積坐標」的 概念、方法和基本公式。

在平面上任取一個三角形 $\Delta A_1A_2A_3$，我們把它叫做**坐標三角形**。A_1、A_2、A_3 叫做**基點**。對於平面上任一點 M，就有三個三角形：ΔMA_2A_3，ΔMA_3A_1，ΔMA_1A_2，這三個三角形帶號面積分別記作

$$s_1 = \overline{S}_{\Delta MA_2A_3},\ s_2 = \overline{S}_{\Delta MA_3A_1},\ s_3 = \overline{S}_{\Delta MA_1A_2}$$

那麼把數組 (s_1, s_2, s_3) 稱為 M 的**面積坐標**，記作

$$M = (s_1, s_2, s_3)。$$

顯然，不同的點，它的坐標不會完全相同。但是，任給三個實數 x、y、z，這三個數不一定是某個點的面積坐標。因為容易驗證

$$\overline{S}_{\Delta MA_2A_3} + \overline{S}_{\Delta MA_3A_1} + \overline{S}_{\Delta MA_1A_2} = \overline{S}_{\Delta A_1A_2A_3},$$

即，取定坐標三角形後，平面上任意一點，它的面積坐標的和恆等於坐標三角形的帶號面積。並記作 $s = \overline{S}_{\Delta A_1A_2A_3}$。如果 $s > 0$，把這個坐標系叫做右手系；$s < 0$，就叫做左手系。以下如果不加注明，所取的坐標系均為右手系。

容易看到，任給三個數 x、y、z，只要有

$$x + y + z = s,$$

那麼 (x, y, z) 一定是平面上某點的面積坐標，由於這三個數中，有兩個數是獨立的，所以有時只要寫出其中任意兩個就可以，例如：

$(a, b, *)$，$(3, *, 2)$ 或 $(*, \pi, 7)$ 等（其中 * 表示 s 減去另兩個坐標的差），都能表示某一個點。

另一種確定點 M 面積坐標 (s_1, s_2, s_3) 的方法是給出比值

$$s_1 : s_2 : s_3 = \mu_1 : \mu_2 : \mu_3,$$

這時，點 M 的面積坐標可記作

$$M = (\mu_1 : \mu_2 : \mu_3)。$$

並把 $(\mu_1 : \mu_2 : \mu_3)$ 叫做點 M 的**齊次面積坐標**，通常也叫做重心坐標。其物理意義是：如果給予 A_1、A_2、A_3 以質量 μ_1、μ_2、μ_3，那麼質點 $A_1(\mu_1)$、$A_2(\mu_2)$、$A_3(\mu_3)$ 的重心恰在 M 處。重心坐標具有齊次性，即，對任意 $k \neq 0$，$(\mu_1 : \mu_2 : \mu_3)$ 和 $(k\mu_1 : k\mu_2 : k\mu_3)$ 代表同一個點。

不難寫出面積坐標與重心坐標之間的換算公式

$$\begin{cases} M = (s_1, s_2, *) = [ks_1 : ks_2 : k(s - s_1 - s_2)] \\ M = (\mu_1 : \mu_2 : \mu_3) = \left(\dfrac{\mu_1 s}{\mu_1 + \mu_2 + \mu_3}, \dfrac{\mu_2 s}{\mu_1 + \mu_2 + \mu_3} \; \dfrac{\mu_3 s}{\mu_1 + \mu_2 + \mu_3} \right) \end{cases}$$

如果 $\mu_1 + \mu_2 + \mu_3 = 1$，那麼 $(\mu_1 : \mu_2 : \mu_3)$ 叫做**規範重心坐標**。

顯然，A_1、A_2、A_3 的規範重心坐標分別是 (1, 0, 0)、(0, 1, 0)、(0, 0, 1)；當 M 在 A_1A_2 上時，它的第三坐標 $\mu_3 = 0$，在 A_2A_3、A_3A_1 上時，分別有 μ_1、μ_2 為 0。

坐標三角形的三邊 A_2A_3、A_3A_1、A_1A_2 把平面分成 7 個區域，各區域的規範重心坐標的正、負號如圖 14-4 所示。

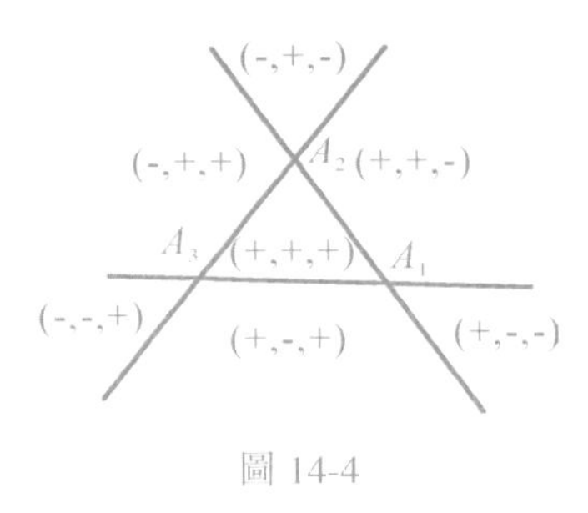

圖 14-4

剛才已指出，只要知道了 M 的面積坐標中的任意兩實數，便可以確定點 M 的位置。習慣上常常用兩個固定的坐標，例如 (s_1, s_2) 與 s 的比來表示 M，即

$$M = \left(\frac{s_1}{s}, \frac{s_2}{s}\right),$$

這時，$\left(\frac{s_1}{s}, \frac{s_2}{s}\right)$叫做點 M 在**仿射坐標系** $\{A_3, \overline{A_3A_1}, \overline{A_3A_2}\}$ 下的仿射坐標。類似地，$\left(\frac{s_2}{s}, \frac{s_3}{s}\right)$，$\left(\frac{s_3}{s}, \frac{s_1}{s}\right)$分別是點 M 在坐標系$\{A_1, \overline{A_1A_2}, \overline{A_1A_3}\}$和$\{A_2, \overline{A_2A_3}, \overline{A_2A_1}\}$下的仿射坐標。$A_3$、$A_1$、$A_2$ 分別叫做該坐標系的**原點**。

顯然，如果點 M 在仿射坐標系$\{A_3, \overline{A_3A_1}, \overline{A_3A_2}\}$下的坐標為 (x, y)，那麼對應的面積坐標為 $(sx, sy, *)$。

如果 $|\overline{A_3A_1}| = |\overline{A_3A_2}| = 1$，且 $\overline{A_3A_1} \perp \overline{A_3A_2}$，則稱仿射坐標系$\{A_3, \overline{A_3A_1}, \overline{A_3A_2}\}$為**笛卡兒坐標系**，即通常慣用的直角坐標系。

這樣，從面積出發，我們引入了面積坐標、重心坐標、仿射坐標和直角坐標，它們彼此間是互相聯繫的。如果在面積坐標系裏推出一個公式或方程式，就可以變換成其他幾種坐標系裏的公式和方程式。

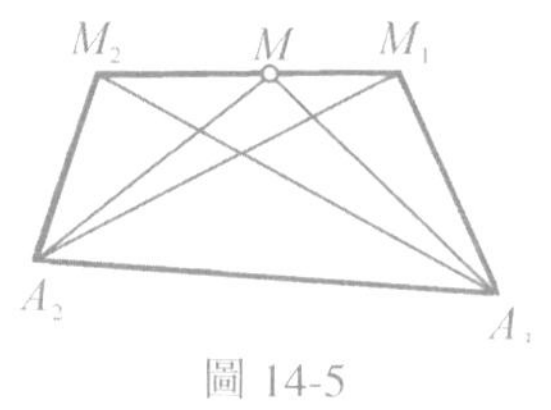

圖 14-5

下面，我們分別導出面積坐標裏的定比分點公式、直線方程、兩點距離公式和三角形面積公式。

1. 定比分點公式　如圖 14-5，如果點 M 在直線 M_1M_2 上，且

$$\overline{M_1M}:\overline{MM_2}=\lambda:1，M=(s_1, s_2, s_3)，$$

$$M_i=(s_1^i, s_2^i, s_3^i)\,(i=1, 2)$$

求證：

$$s_j=\frac{s_j^1+\lambda s_j^2}{1+\lambda}。(j=1, 2, 3) \tag{1}$$

分析　要證 $s_j=\dfrac{s_j^1+\lambda s_j^2}{1+\lambda}$, 只要驗證 $s_1=\dfrac{s_1^1+\lambda s_1^2}{1+\lambda}$ 就可以了，s_2、s_3 可類似地證得。

證明　根據 s_1 的定義有

$$\begin{aligned} s_1^1-s_1 &= \bar{S}_{\Delta M_1A_2A_3}-\bar{S}_{\Delta MA_2A_3}=\bar{S}_{\Delta M_1MA_3}-\bar{S}_{\Delta M_1MA_2} \\ &= \lambda(\bar{S}_{\Delta MM_2A_3}-\bar{S}_{\Delta MM_2A_2}) \\ &= \lambda(\bar{S}_{\Delta MA_2A_3}-\bar{S}_{\Delta M_2A_2A_3}) \\ &= \lambda(s_1-s_1^2)。\end{aligned}$$

$$\therefore \qquad s_1=\frac{s_1^1+\lambda s_1^2}{1+\lambda}。$$

由此可推出仿射坐標、直角坐標以及規範重心坐標系裏的類似公式。但必須注意：在一般重心坐標系裏類似公式並不成立。因為每個

點的坐標可乘以任意因數，這就破壞了定比組合性質。

2. 直線方程　從定比分點公式出發，設如前面一樣的符號，那麼它們的坐標必須滿足下列方程組

$$\begin{cases}(1+\lambda)s_1 - s_1^1 - \lambda s_1^2 = 0，\\(1+\lambda)s_2 - s_2^1 - \lambda s_2^2 = 0，\\(1+\lambda)s_3 - s_3^1 - \lambda s_3^2 = 0。\end{cases}$$

消去參數 λ, 得

$$\begin{vmatrix} s_1 & s_1^1 & s_1^2 \\ s_2 & s_2^1 & s_2^2 \\ s_3 & s_3^1 & s_3^2 \end{vmatrix} = 0。\tag{2}$$

這既是 M、M_1、M_2 三點共線的條件，也可以看成 M 的面積坐標 (s_1, s_2, s_3) 所滿足的直線方程。

利用關係 $s_1 + s_2 + s_3 = s$，可從 (2) 式中消去一個坐標，化為

$$\begin{vmatrix} s_1 & s_1^1 & s_1^2 \\ s_2 & s_2^1 & s_2^2 \\ s & s & s \end{vmatrix} = 0。$$

或更簡單地，有

$$\begin{vmatrix} s_1 & s_1^1 & s_1^2 \\ s_2 & s_2^1 & s_2^2 \\ 1 & 1 & 1 \end{vmatrix} = 0。\tag{3}$$

把 (3) 式的前兩行除以 s，即得仿射坐標系裏直線 M_1M_2 的方程，或 M、M_1、M_2 三點共線條件。把 (2) 式的各列分別乘以三個非 0 常數因數 k_1、k_2、k_3，即得在重心坐標系裏的直線方程或共線條件

$$\begin{vmatrix} \mu_1 & \mu_1^1 & \mu_1^2 \\ \mu_2 & \mu_2^1 & \mu_2^2 \\ \mu_3 & \mu_3^1 & \mu_3^2 \end{vmatrix} = 0 \text{。} \tag{4}$$

也可以不從比分點公式出發，直接利用面積關係導出直線方程，分兩種情形：

(1) 如果 l 與坐標三角形某條邊平行，例如 $l \parallel A_2A_3$，那麼顯然有，l 上任意一點 $M(s_1, s_2, s_3)$ 滿足

$$s_1 = \overline{S}_{\Delta M_0A_2A_3} = s_0 \text{。}$$

這裏 M_0 是 l 上某個固定的點。這個方程也可化為重心坐標形式。

$$\frac{s\mu_1}{\mu_1 + \mu_2 + \mu_3} = s_0 \text{，}$$

即

$$(s - s_0)\mu_1 - s_0\mu_2 - s_0\mu_3 = 0 \text{。} \tag{5}$$

(2) 如果 l 不與任一條邊平行，不妨設 l 交 A_3A_1、A_3A_2 於 P、Q，那麼 l 上任一點 $M(s_1, s_2, s_3)$ 的坐標 s_1、s_2 應滿足的方程可由圖 14-6 所示的面積關係導出，即 $\overline{S}_{\Delta MQA_3} + \overline{S}_{\Delta MA_3P} = \overline{S}_{\Delta PQA_3}$，而

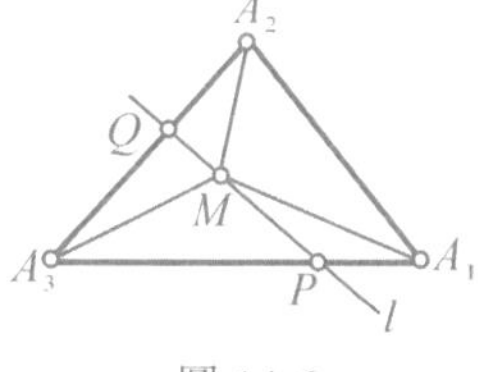

圖 14-6

$$\frac{\overline{S}_{\Delta MQA_3}}{\overline{S}_{\Delta MA_2A_3}} = \frac{\overline{S}_{\Delta MQA_3}}{s_1} = \frac{\overline{A_3Q}}{\overline{A_3A_2}} \text{，}$$

$$\frac{\overline{S}_{\Delta MA_3P}}{\overline{S}_{\Delta MA_3A_1}} = \frac{\overline{S}_{\Delta MA_3P}}{s_2} = \frac{\overline{A_3P}}{\overline{A_3A_1}} \text{，}$$

$$\therefore \quad \frac{\overline{A_3Q}}{\overline{A_3A_2}} s_1 + \frac{\overline{A_3P}}{\overline{A_3A_1}} s_2 = \overline{S}_{\Delta PQA_3} \text{。} \tag{6}$$

這仍是一個一次方程，因為$\frac{\overline{A_3Q}}{\overline{A_3A_2}}$、$\frac{\overline{A_3P}}{\overline{A_3A_1}}$、$\bar{S}_{\Delta PQA_3}$都是與 l 有關的常數。

利用 $s_i = \frac{s\mu_i}{\mu_1 + \mu_2 + \mu_3}$ 代換，又可把 (6) 式化為重心坐標系裏的齊次一次方程。

(*) 重心坐標系裏直線方程的係數的意義　我們已經知道，一次齊次方程

$$c_1\mu_1 + c_2\mu_2 + c_3\mu_3 = 0 \tag{7}$$

表示重心坐標裏的直線。那麼，c_1、c_2、c_3 的幾何意義又是甚麼呢？

設 A_1、A_2、A_3 到直線 l 的距離分別為 h_1、h_2、h_3，那麼一定有

$$c_1 : c_2 : c_3 = h_1 : h_2 : h_3。 \tag{8}$$

這裏，點到直線的距離是帶有符號的。約定：如果 A_1、A_2 位於 l 的同側，那麼 h_1、h_2 同號，否則，h_1、h_2 異號。

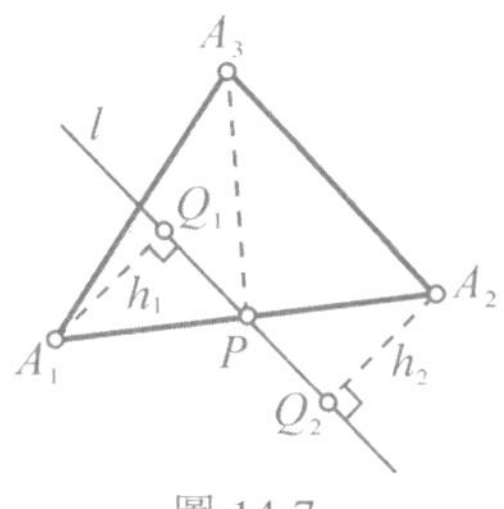

圖 14-7

如圖 14-7，設直線 l 交 A_1A_2 於 P，則點 P 的坐標為 $(\mu_1, \mu_2, 0)$。因點 P 在直線 l 上，所以

$$c_1\mu_1 + c_2\mu_2 = 0。$$

$$\therefore \quad \frac{\overline{A_1Q_1}}{\overline{A_2Q_2}} = \frac{\overline{A_1P}}{\overline{A_2P}} = \frac{\bar{S}_{\Delta A_1PA_3}}{\bar{S}_{\Delta A_2PA_3}} = -\frac{\bar{S}_{\Delta PA_3A_1}}{\bar{S}_{\Delta PA_2A_3}}$$

$$= -\frac{\mu_2}{\mu_1} = \frac{c_1}{c_2}\quad。$$

即 $$h_1 : h_2 = c_1 : c_2,$$

同理可證 $$h_2 : h_3 = c_2 : c_3。$$

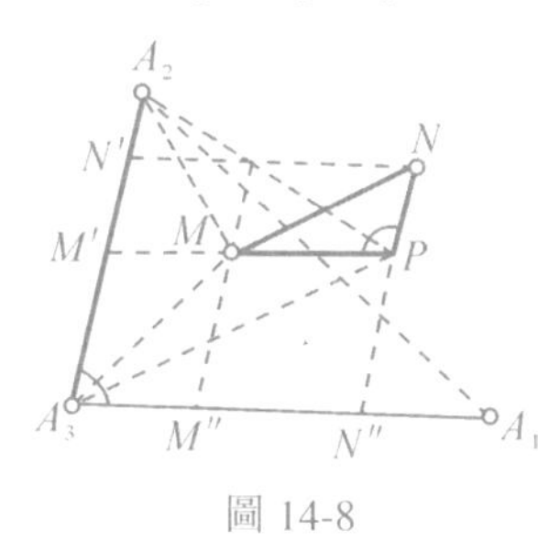

圖 14-8

3. 兩點之間距離的公式　如圖 14-8，設 $M = (s_1, s_2, s_3)$，$N = (t_1, t_2, t_3)$。分別過 M、N 作 A_1A_3 的平行線交 A_3A_2 於 M'、N'，作 A_3A_2 的平行線交 A_1A_3 於 M''、N''，又設 MM' 與 NN'' 交於 P。

那麼

$$\frac{\overline{MM'}}{\overline{A_1A_3}} = \frac{\overline{S}_{\Delta MA_2A_3}}{\overline{S}_{\Delta A_1A_2A_3}} = \frac{s_1}{s},$$

∴ $$\overline{MM'} = \frac{s_1}{s}\overline{A_1A_3},$$

同理 $$\overline{PM'} = \frac{t_1}{s}\overline{A_1A_3},$$

∴ $$\overline{PM} = (t_1 - s_1) \cdot \frac{\overline{A_1A_3}}{s},$$

同理 $$\overline{NP} = \frac{(t_2 - s_2)}{s} \cdot \overline{A_2A_3}。$$

設 $|\overline{A_1A_3}| = a_2$，$|\overline{A_2A_3}| = a_1$，$|\overline{A_1A_2}| = a_3$，由餘弦定理，得

$$|\overline{MN}|^2 = |\overline{PM}|^2 + |\overline{NP}|^2 - 2|\overline{NP}| \cdot |\overline{PM}| \cdot \cos\angle MPN$$

$$= \frac{1}{s^2}[a_2^2(t_1 - s_1)^2 + a_1^2(t_2 - s_2)^2 + 2a_1a_2(t_1 - s_1)(t_2 - s_2)\cos A_3]$$

這就是面積坐標系裏的兩點距離公式。同理，這公式也可以用 t_1，t_3，

s_1，s_3 或 t_2，t_3，s_2，s_3 來求，因而有恆等式

$$|\overline{MN}|^2 = \frac{1}{s^2}[a_2^2(t_1 - s_1)^2 + a_1^2(t_2 - s_2)^2$$

$$+2a_1a_2(t_1 - s_1)(t_2 - s_2)\cos A_3]$$

$$= \frac{1}{s^2}[a_3^2(t_2 - s_2)^2 + a_2^2(t_3 - s_3)^2$$

$$+2a_2a_3(t_2 - s_2)(t_3 - s_3)\cos A_1]$$

$$= \frac{1}{s^2}[a_1^2(t_3 - s_3)^2 + a_3^2(t_1 - s_1)^2$$

$$+2a_3a_1(t_3 - s_3)(t_1 - s_1)\cos A_2]。 \quad (9)$$

具體計算時，看需要而選定用哪個公式。當 $|a_1| = |a_2| = 1$，且 $\overline{A_1A_3} \perp \overline{A_2A_3}$ 時，(9) 式的第一個公式，正是直角坐標系裏的距離公式。

如果採取規範重心坐標，令

$$M = (\mu_1 : \mu_2 : \mu_3), \left(\mu_1 + \mu_2 + \mu_3 = 1, \mu_i = \frac{s_i}{s}\right)$$

$$N = (\rho_1 : \rho_2 : \rho_3), \left(\rho_1 + \rho_2 + \rho_3 = 1, \rho_i = \frac{t_i}{s}\right)$$

(9) 式可略寫簡化成

$$|MN|^2 = a_2^2(\rho_1 - \mu_1)^2 + a_1^2(\rho_2 - \mu_2)^2 + 2a_1a_2(\rho_1 - \mu_1)(\rho_2 - \mu_2)\cos A_3$$

$$= a_3^2(\rho_2 - \mu_2)^2 + a_2^2(\rho_3 - \mu_3)^2 + 2a_2a_3(\rho_2 - \mu_2)(\rho_3 - \mu_3)\cos A_1$$

$$= a_1^2(\rho_3 - \mu_3)^2 + a_3^2(\rho_1 - \mu_1)^2 + 2a_3a_1(\rho_3 - \mu_3)(\rho_1 - \mu_1)\cos A_2 。 \quad (10)$$

這些公式關於三個坐標是不對稱的，如果化成對稱形式，就是

$$\overline{MN^2} = P_1(\rho_1 - \mu_1)^2 + P_2(\rho_2 - \mu_2)^2 + P_3(\rho_3 - \mu_3)^2 。 \quad (11)$$

其中

$$P_1 = \frac{1}{2}(a_2^2 + a_3^2 - a_1^2) = a_2 a_3 \cos A_1 ,$$

$$P_2 = \frac{1}{2}(a_1^2 + a_3^2 - a_2^2) = a_1 a_3 \cos A_2 ,$$

$$P_3 = \frac{1}{2}(a_1^2 + a_2^2 - a_3^2) = a_1 a_2 \cos A_3 。$$

在 (11) 式中，以 $\rho_3 = 1 - \rho_1 - \rho_2$ 及 $\mu_3 = 1 - \mu_1 - \mu_2$ 代入，可化出 (10) 式的第一式。這些公式的推導，留給讀者自己完成。

4. 三角形的面積公式　設三點：

$L = (r_1, r_2, r_3)$，$M = (s_1, s_2, s_3)$，$N = (t_1, t_2, t_3)$。

分別過 L、M、N 作 A_3A_2 的平行線交 A_1A_3 於 L'、M'、N'（圖 14-9），那麼顯然有

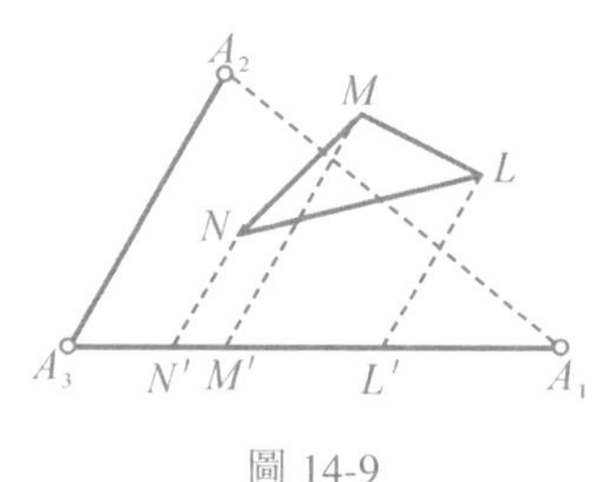

圖 14-9

$$\overline{S}_{\Delta LMN} = \overline{S}_{LMM'L'} + \overline{S}_{MNN'M'} + \overline{S}_{NLL'N'} 。$$

依照求距離公式的方法可得

$$\overline{LL'} = \frac{r_2}{s} \cdot \overline{A_2A_3} ,\overline{MM'} = \frac{s_2}{s}\overline{A_2A_3} ,$$

$$\overline{M'A_3} = \frac{s_1}{s} \cdot \overline{A_1A_3} , \overline{L'A_3} = \frac{r_1}{s} \cdot \overline{A_1A_3} ,$$

$$\therefore \qquad \overline{L'M'} = \overline{L'A_3} - \overline{M'A_3} = \frac{r_1 - s_1}{s}\overline{A_1A_3} 。$$

由此求出梯形 $LMM'L'$ 的帶號面積

$$\bar{S}_{LMM'L'} = \frac{1}{2}\left|\overline{M'L'}\right| \cdot \left|\overline{MM'} + \overline{LL'}\right| \cdot \sin(\overline{M'L'},\ \overline{M'M})$$

$$= \frac{1}{2} \cdot \left(\frac{r_1 - s_1}{s}\right)\left|\overline{A_3A_1}\right| \cdot \left(\frac{r_2 + s_2}{s}\right) \cdot \left|\overline{A_3A_2}\right| \sin(\overline{A_3A_1},\ \overline{A_3A_2})$$

$$= \frac{1}{s}(r_1 - s_1)(r_2 + s_2) \text{ 。}$$

同理

$$\bar{S}_{MNN'M'} = \frac{1}{s}(s_1 - t_1)(s_2 + t_2) \text{ ，}$$

$$\bar{S}_{NLL'N'} = \frac{1}{s}(t_1 - r_1)(t_2 + r_2) \text{ ，}$$

$$\therefore\ \bar{S}_{\Delta LMN} = \frac{1}{s}[(r_1 - s_1)(r_2 + s_2) + (s_1 - t_1)(s_2 + t_2) + (t_1 - r_1)(t_2 + r_2)]$$

$$= \frac{1}{s}[(r_1s_2 - s_1r_2 - s_1s_2 + s_1s_2 + s_1t_2 - t_1s_2 + t_1r_2 - r_1t_2]$$

$$= \frac{1}{s}[(r_1 - s_1)(s_2 - t_2) - (r_2 - s_2)(s_1 - t_1)]$$

$$= \frac{1}{s}\begin{vmatrix} r_1 - s_1 & s_1 - t_1 \\ r_2 - s_2 & s_2 - t_2 \end{vmatrix} = \frac{1}{s}\begin{vmatrix} 1 & 1 & 1 \\ r_1 & s_1 & t_1 \\ r_2 & s_2 & t_2 \end{vmatrix} \text{ 。} \qquad (12)$$

類似地，得到另外兩個公式

$$\bar{S}_{\Delta LMN} = \frac{1}{s}\begin{vmatrix} 1 & 1 & 1 \\ r_1 & s_1 & t_1 \\ r_2 & s_2 & t_2 \end{vmatrix} = \frac{1}{s}\begin{vmatrix} 1 & 1 & 1 \\ r_2 & s_2 & t_2 \\ r_3 & s_3 & t_3 \end{vmatrix}$$

$$= \frac{1}{s}\begin{vmatrix} 1 & 1 & 1 \\ r_3 & s_3 & t_3 \\ r_1 & s_1 & t_1 \end{vmatrix} \text{ 。} \qquad (13)$$

把上式的第一行乘以 s，再減去第二、三行，得

$$\bar{S}_{\Delta LMN}=\frac{1}{s^2}\begin{vmatrix} r_1 & s_1 & t_1 \\ r_2 & s_2 & t_2 \\ r_3 & s_3 & t_3 \end{vmatrix}。\tag{14}$$

這就是面積坐標系裏的三角形面積公式。

將上式化成規範重心坐標形式，得

$$\bar{S}_{\Delta LMN}=s\begin{vmatrix} \lambda_1 & \mu_1 & \rho_1 \\ \lambda_2 & \mu_2 & \rho_2 \\ \lambda_3 & \mu_3 & \rho_3 \end{vmatrix}$$

$$\begin{pmatrix} L=(\lambda_1:\lambda_2:\lambda_3)，\lambda_1+\lambda_2+\lambda_3=1， \\ M=(\mu_1:\mu_2:\mu_3)，\mu_1+\mu_2+\mu_3=1， \\ N=(\rho_1:\rho_2:\rho_3)，\rho_1+\rho_2+\rho_3=1。 \end{pmatrix}\tag{15}$$

如果令 (14) 式或 (15) 式的右端等於 0，這又可以得到 L、M、N 三點共線的條件。

應用面積坐標解三角形的幾何題，有時顯得特別方便，這裏我們僅舉一例。有興趣的讀者請參看《初等數學論文》(3) 中，楊路的文章〈談談重心坐標〉。

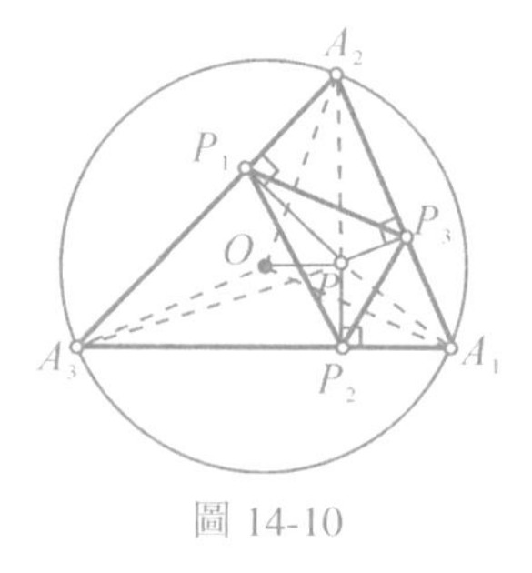

圖 14-10

〔例〕 如圖 14-10，$\Delta A_1A_2A_3$ 的外接圓半徑為 R，圓心為 O。由平

面上任一點 P 作 A_2A_3、A_3A_1、A_1A_2 的垂線，垂足順次為 P_1、P_2、P_3。記 $\bar{S}_{\Delta A_1A_2A_3} = s$，$\bar{S}_{\Delta P_1P_2P_3} = \Delta$。求證：

$$\overline{OP^2} = R^2\left(1 - \frac{4\Delta}{s}\right)。$$

證明　設 P 在右手系 $\bar{S}_{\Delta A_1A_2A_3}$ 下的面積坐標為

$$P = (s_1, s_2, s_3)。$$

設 $\Delta A_1A_2A_3$ 的三邊為 a_1、a_2、a_3，P 到 A_1A_2、A_2A_3、A_3A_1 的帶號距離分別為 h_3、h_1、h_2，並約定點 P 在 $\Delta A_1A_2A_3$ 的內部時，h_1、h_2、h_3 均為正，於是當 $\bar{S}_{\Delta A_1A_2A_3} > 0$（即 $\bar{S}_{\Delta A_1A_2A_3}$ 為右手系時），有

$$h_1 = \frac{2s_1}{a_1}, h_2 = \frac{2s_2}{a_2}, h_3 = \frac{2s_3}{a_3}。$$

$$\begin{aligned}\therefore \quad \bar{S}_{\Delta P_1P_2P_3} &= \bar{S}_{\Delta PP_1P_2} + \bar{S}_{\Delta PP_2P_3} + \bar{S}_{\Delta PP_3P_1} \\ &= \frac{1}{2}(h_1h_2\sin A_3 + h_2h_3\sin A_1 + h_1h_3\sin A_2) \\ &= 2\left(\frac{s_1s_2}{a_1a_2}\sin A_3 + \frac{s_2s_3}{a_2a_3}\sin A_1 + \frac{s_1s_3}{a_1a_3}\sin A_2\right) \\ &= \frac{1}{Ra_1a_2a_3}(s_1s_2a_3^2 + s_1s_3a_2^2 + s_2s_3a_1^2)。\end{aligned}$$

$$\begin{aligned}\therefore \quad R^2\left(1 - \frac{4\Delta}{s}\right) &= R^2 - \frac{4R^2\Delta}{s} \\ &= R^2 - \frac{1}{s}\cdot\frac{4R^2}{Ra_1a_2a_3}(s_1s_2a_3^2 + s_1s_3a_2^2 + s_2s_3a_1^2) \\ &= R^2 - \frac{1}{s^2}(s_1s_2a_3^2 + s_1s_3a_2^2 + s_2s_3a_1^2)。\qquad (1)\end{aligned}$$

另一方面，O 點的面積坐標為

$$O = \left(\frac{1}{2}R^2\sin 2A_1, \frac{1}{2}R^2\sin 2A_2, \frac{1}{2}R^2\sin 2A_3\right)$$

$$= (R^2\cos A_1\sin A_1, R^2\cos A_2\sin A_2, R^2\cos A_3\sin A_3)$$

$$= \left(\frac{Ra_1\cos A_1}{2}, \frac{Ra_2\cos A_2}{2}, \frac{Ra_3\cos A_3}{2}\right)$$

$$= \left(\frac{Ra_1P_1}{2a_2a_3}, \frac{Ra_2P_2}{2a_1a_3}, \frac{Ra_3P_3}{2a_1a_2}\right)。$$

由距離公式 (9) 第一式，得

$$\overline{OP^2} = \frac{1}{s^2}\left[a_2^2\left(\frac{Ra_1P_1}{2a_2a_3} - s_1\right)^2 + a_1^2\left(\frac{Ra_2P_2}{2a_1a_3} - s_2\right)^2 + 2P_3\left(\frac{Ra_1P_1}{2a_2a_3} - s_1\right)\left(\frac{Ra_2P_2}{2a_1a_3} - s_2\right)\right]$$

$$= \frac{1}{s^2}\left[s_1^2a_2^2 + s_2^2a_1^2 + 2P_3s_1s_2 - s_1a_2^2R\left(\frac{a_1P_1}{a_2a_3} + \frac{P_2P_3}{a_1a_2a_3}\right) - s_2a_1^2R\left(\frac{a_2P_2}{a_1a_3} + \frac{P_1P_3}{a_1a_2a_3}\right) + \frac{R^2}{4}\left(\frac{a_1^2P_1^2}{a_3^2} + \frac{a_2^2P_2^2}{a_3^2} + \frac{2P_1P_2P_3}{a_3^2}\right)\right]$$

利用關係式 $P_1 + P_2 = a_3^2$ ， $P_2 + P_3 = a_1^2$ ， $P_3 + P_1 = a_2^2$ 以及 $P_1P_2 + P_2P_3 + P_3P_1 = 4s^2$ ，得

$$\frac{a_1P_1}{a_2a_3} + \frac{P_2P_3}{a_1a_2a_3} = \frac{a_2P_2}{a_1a_3} + \frac{P_1P_3}{a_1a_2a_3} = \frac{1}{a_1a_2a_3}\cdot 4s^2 = \frac{s}{R}$$

$$\frac{a_1^2P_1^2}{a_3^2}+\frac{a_2^2P_2^2}{a_3^2}+\frac{2P_1P_2P_3}{a_3^2}$$

$$=\frac{1}{a_3^2}[P_1P_2(P_1+P_2)+P_2P_3(P_1+P_2)+P_3P_1(P_1+P_2)]$$

$$=4s^2。$$

$$\therefore \quad \overline{OP^2}=\frac{1}{s^2}[s_1^2a_2^2+s_2^2a_1^2+2P_3s_1s_2-(s_1a_2^2+s_2a_1^2)s+R^2s^2]$$

$$=R^2-\frac{1}{s^2}[(s_1a_2^2+s_2a_1^2)s-2P_3s_1s_2-s_1^2a_2^2-s_2^2a_1^2]。\tag{2}$$

在 (1) 中利用 $s_3=s-s_1-s_2$ 消去 s_3，得

$$R^2\left(1-\frac{4\Delta}{s}\right)$$

$$=R^2-\frac{1}{s^2}[s_1s_2a_3^2+s_1(s-s_1-s_2)a_2^2+s_2(s-s_1-s_2)a_1^2]$$

$$=R^2-\frac{1}{s^2}[(s_1a_2^2+s_2a_1^2)s-(a_1^2+a_2^2-a_3^2)s_1s_2-s_1^2a_2^2-s_2^2a_1^2]$$

$$=R^2-\frac{1}{s^2}[(s_1a_2^2+s_2a_1^2)s-2P_3s_1s_2-s_1^2a_2^2-s_2^2a_1^2]。$$

即左邊等於右邊，從而證明了所要的等式。

從等式

$$R^2-R^2\cdot\frac{4\Delta}{s}=\overline{OP^2}，$$

得

$$\frac{4\Delta}{s}=1-\frac{\overline{OP^2}}{R^2}，$$

顯然，當點 P 在 $\Delta A_1A_2A_3$ 的外接圓內部時，有 $\Delta > 0$；在圓外時，有 $\Delta < 0$；在圓上，即 $\overline{OP^2} = R^2$，有 $\Delta = 0$，即 P_1、P_2、P_3 共線，又得到了西姆松定理。

這個例題是個十分有用的命題，關於它的多種推論，讀者可參看《初等數學論文》(3) 中，程龍的文章〈垂足三角形〉。此題如果用直角坐標系來做，而不取以 A_1、A_2、A_3 為基點的面積坐標，那麼要難得多。

第十五章

向前還能走多遠

我們看到，利用面積關係，不僅能解多種多樣的題目；而且能在它的基礎上，發展一般的理論，如面積坐標的理論。

如果走出平面幾何的圈子，繼續向前，還能走多遠呢？

容易想到，在立體幾何中，利用長度、角度與面積、體積的關係，同樣可以提供有力的解題方法。確實，已經有人利用體積的計算建立了「立體角正弦」的定義，並證明了空間的正弦定理。同樣，也可以建立體積坐標，高維的重心坐標，並使它成為有力的解題工具。

在平面上，也還有事情可做。如果不限於研究直線形的面積，而進一步研究曲線所包圍的面積，那就開始進入高等數學的領域。古希臘數學家計算曲線所圍的面積的方法，和積分法是相通的。我們在前面已提到，微積分中的一個基本的極限式 $\frac{\sin x}{x} \to 1\ (x \to 0)$，就建立於面積包含關係之上，級數論中重要的「阿貝爾恆等式」（練習題一第 3 題），也可用面積關係來直觀地表示。

還有，我們可以利用面積來建立某些函數的定義。例如，可以把 “sin$x$” 定義為「邊長為 1，夾角為 x 的菱形的面積」（圖 15-1），這樣，從定義出發很容易導出 sin$x$ 的一系列基本性質。還可以在直角坐標系中畫出 $y = \frac{1}{x}$ 的曲線（圖 15-2），然後，把直線 $x = 1$ 和 $x = t$ 之間，x 軸之上，曲線之下的面積定義為 $\ln t$ [1]，這樣，也很容易導出函數 $\ln t$ 的基本性質

$$\ln(t_1 \cdot t_2) = \ln t_1 + \ln t_2。$$

---

[1] 以 e 為底的對數，稱自然對數，用記號 “ln” 表示。

這種定義方法，直觀具體，比從 e^t 的反函數定義，在理論上更簡捷。在國內外的較新的微積分教材中，已開始採用了。

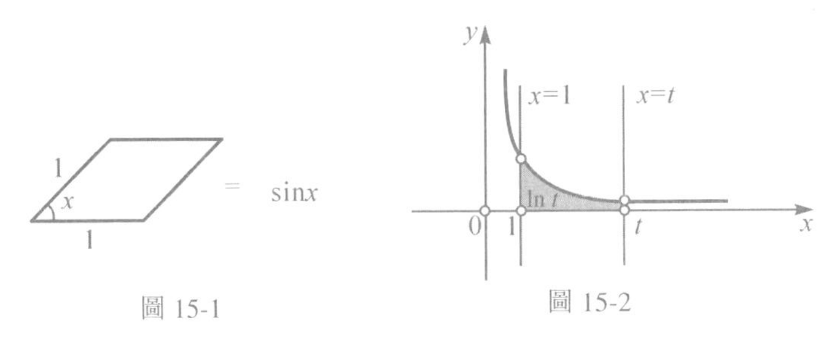

圖 15-1　圖 15-2

這樣，兩大類初等函數，都可以聯繫着面積來定義了。這種定義方法有它自己的特點和優點。

還可以提出這樣的問題：「面積究竟是甚麼？」這就導向理論上更為深刻的「公理的面積論」和「測度論」。這一方面，讀者不妨一讀《初等數學論文》(2) 中，莫由的文章〈甚麼是長度〉，就會知道，從一個簡單的問題出發，可以得到十分深刻的概念，十分有趣的結果。

有這麼一個童話：一個孩子得到了一個奇妙的線球，線球在地上向前滾去，留下一條細細的銀線，他沿着這條閃光的銀線向前走去，看到了無數奇花異草，發現了許多寶藏。在數學的花園裏，也並不缺少這類線球，跟着它，可以向前走得很遠，可以看到許多有趣的東西。這本小冊子裏談的「面積」，也可以算是一個小小的引人入勝的奇妙線球吧！

參考答案　練習題的提示或簡答

練習題一

3. 注意 $n=3$ 時的特例：

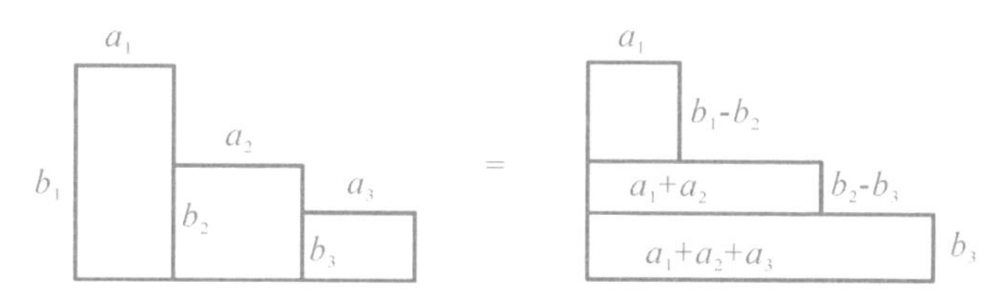

第 3 題圖

練習題二

1. 將 $a=\dfrac{2S_\Delta}{h_a}$，$b=\dfrac{2S_\Delta}{h_b}$，$c=\dfrac{2S_\Delta}{h_c}$ 代入海倫公式，得

$$S_\Delta^2=S_\Delta^4\left(\frac{1}{h_a}+\frac{1}{h_b}+\frac{1}{h_c}\right)\left(-\frac{1}{h_a}+\frac{1}{h_b}+\frac{1}{h_c}\right)\cdot\left(\frac{1}{h_a}-\frac{1}{h_b}+\frac{1}{h_c}\right)\left(\frac{1}{h_a}+\frac{1}{h_b}-\frac{1}{h_c}\right)。$$

求出 S_Δ，再求 a、b、c。

3. 由 $S_\Delta=\dfrac{1}{2}ab\sin C=\dfrac{1}{2}bc\sin A$ 解出

$$c=\frac{a\sin C}{\sin A}=\frac{a\sin C}{\sin(B+C)}，$$

$$\therefore\qquad S_\Delta=\frac{1}{2}ac\sin B=\frac{1}{2}a^2\cdot\frac{\sin B\sin C}{\sin(B+C)}。$$

練習題三

2. 如圖，有

$$S_{\Delta ACQ} - S_{\Delta BPQ} = S_{\Delta ACC^*} - S_{\Delta ABC^*} - S_{\Delta CPC^*} + S_{\Delta BPC^*}$$

再用面積公式

$$S_{\Delta ACC^*} = \frac{1}{2}AC^* \cdot CC^* \sin C^*$$

等代入。

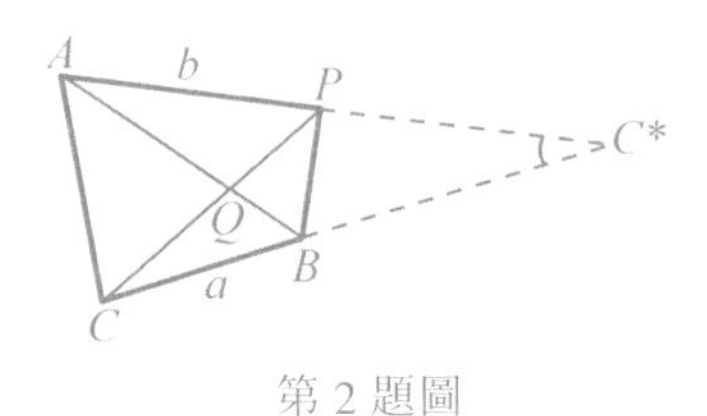

第 2 題圖

練習題四

2. 利用例 3 的結果，在 ΔABC 中，令 $A = 2\alpha$、$B = 2\beta$，A、B 的角平分線分別為 f_A、f_B，當 $b \leq a$ 時，$\cos\alpha \leq \cos\beta$，

$$\therefore \quad f_A = \frac{2bc\cos\alpha}{b+c} = \frac{2\cos\alpha}{\frac{1}{c}+\frac{1}{b}} \leq \frac{2\cos\beta}{\frac{1}{c}+\frac{1}{a}} = f_B \text{。}$$

3. 注意到：$\dfrac{b}{c} = \dfrac{S_{\Delta \text{II}}}{S_{\Delta \text{I}}}$。

4. 在例 5 的方程式 (1)、(2)、(3)、(4) 中，(4) 變為

$$\frac{\sin(\alpha+\beta)}{c} = \frac{\sin\beta}{a} \text{。（因 } \angle LKA = 180^\circ - \angle KAC\text{）}$$

所以最後的結果成為 $\dfrac{2}{l} - \dfrac{1}{f} = 0$，即 $l = 2f$。

5. 仿例 5 的方法，以點 A 為視點。

練習題五

1.(1) 如果 $A=A'$，$B=B'$，顯然 $C=C'$，由正弦定理得

$$\frac{a}{a'}=\frac{b}{b'}=\frac{c}{c'}=k\ ;$$

(2) 如果三邊成比例，則 $a=ka'$，$b=kb'$，$c=kc'$，代入餘弦定理可算出 $A=A'$ 等；

(3) 如果 $A=A'$，而 $b=kb'$，$c=kc'$，用餘弦定理算出 $a=ka'$，當 $k=1$ 時均為全等條件。

3. 如圖，作 α、β 公共邊的垂線，交 α 邊延長線於 C'，對 ΔADC 寫出面積方程。

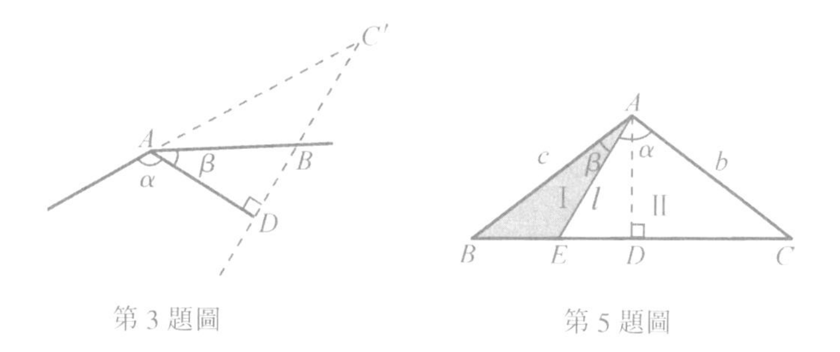

第 3 題圖　　第 5 題圖

5. 如圖，作頂角為 $(\alpha+\beta)$ 的等腰 ΔABC，那麼

$$S_{\Delta\mathrm{I}}+S_{\Delta\mathrm{II}}=AD\cdot BD$$

$$=c\sin\frac{A}{2}\cdot l\cos\angle DAE,$$

而 $A=\alpha+\beta$，$\angle DAE=\dfrac{\alpha-\beta}{2}$。另一方面，

$$S_{\Delta\mathrm{I}}=\frac{1}{2}cl\sin\beta,\ S_{\Delta\mathrm{II}}=\frac{1}{2}bl\sin\alpha,$$

代入即得。

6. 注意到

$$\sin^2 C = \sin^2(A+B)$$
$$= \sin^2 A\cos^2 B + \sin^2 A\cos^2 A + 2\sin A\sin B\cos A\cos B。$$

可化為

$$\sin^2 C = \sin^2 A + \sin^2 B + 2\sin A\sin B(\cos A\cos B - \sin A\sin B)。$$

再用正弦定理及餘弦和角公式即可證得。

練習題六

2. 用例 1 的方法，考慮比值 $\Delta AMF : \Delta AMH$。

3. 由 $S_{\Delta CAB} = S_{\Delta DAB}$ 得 $S_{\Delta PAD} = S_{\Delta PBC}$，再注意到梯形的高為

$$AD\sin\alpha = BC\sin\beta，$$

對 ΔPAD、ΔPBC 使用斜高公式即可證得。

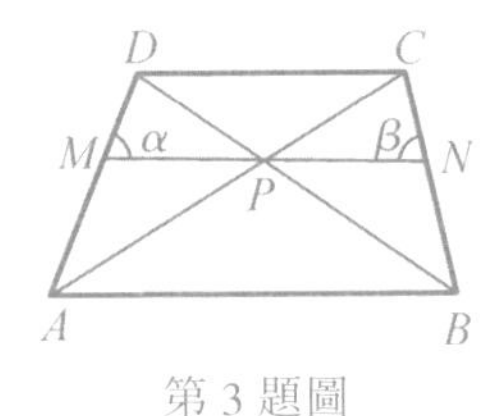

第 3 題圖

5. 與例 4 相似，列出面積方程

$$S_{ABCD} - S_{\Delta PDC} = S_{\Delta PAB} + S_{\Delta PAD} + S_{\Delta PBC}。$$

6. 要證明 $MN = NF$，只需證明

$$S_{\Delta AMC} = S_{\Delta AFC}。$$

要證明 $$S_{\Delta AMC} = S_{\Delta AFC},$$

只需證明 $$AC \cdot AM\sin\alpha = AC \cdot CF\sin\angle ACF,$$

也就是證明 $$AM\sin\alpha = CF\sin(2\beta - \gamma)。$$

但

$$AM = AD - DM = AD - CF\sin 2\beta$$

$$= AD(1 - \tan\alpha\sin 2\beta),$$

$$CF = DC = AD\tan\alpha,$$

所以歸結為證明

$$(1 - \tan\alpha\sin 2\beta)\sin\alpha = \tan\alpha\sin(2\beta - \gamma)。$$

由於 $\alpha + \gamma = 90°$，$2\tan\beta = \cot\alpha$，容易證明等式成立。

7. 這一題的證法很多，用面積關係證明的一種方法是，列出 ΔABC 面積方程

$$S_{\Delta ABC} = 2S_{\Delta AEC} + S_{\Delta BEC},$$

即

$$AC^2\sin 2\alpha = EF \cdot BC + 2hAC。$$

這種 h 為 E 到 AC 的距離，然後利用

$$AC = AD\cos\alpha，BC = 2AC\sin\alpha = AD\sin 2\alpha,$$

又 $$OD = OG = OH,$$

$$OD + \frac{OG}{\sin\alpha} = AD，OE = OG\sin\alpha,$$

利用這些關係，容易證得 $EF = h$。

8. 考慮比值 $S_{\Delta APC} : S_{\Delta BQC}$。

10. 證明方法同例 6。

11. 這一題是例 2 的逆命題，將例 2 的證法逆推，即可證得。

練習題七

2. 用 $S_{\Delta AED}$、$S_{\Delta BED}$、$S_{\Delta CED}$ 的比代替線段的比。

4. 注意到用比例式

$$\frac{AP}{AD}=\frac{S_{\Delta ABC}-S_{\Delta PBC}}{S_{\Delta ABC}}$$

等去證明。

5. 用例 2 的方法證明。

7. 如圖，

$$S_{\Delta ADE}=\frac{1}{3}S_{\Delta ADC}，$$

$$S_{\Delta BCH}=\frac{1}{3}S_{\Delta ABC}，$$

$$\therefore \quad S_{AHCE}=\frac{1}{3}S_{ABCD}。$$

第 7 題圖

又 $AG=GH$，$CF=FE$，$S_{GHFE}=\frac{1}{2}S_{AHCE}$。然後用第八章例 3 的結果，

證明陰影部分面積為 $\frac{1}{3}S_{GHFE}$。

8. 用以 P 為頂點的各三角形面積比代替線段的比，再用面積公式代入，得證。

9. 用張角關係證明。

10. 由張角關係可推得 $\dfrac{1}{PA}+\dfrac{1}{PB}=\dfrac{1}{PC}+\dfrac{1}{PD}$ 。

11. 這是例 5 的推廣，證法同例 5。

12. 利用 A 點對 B、E、C 的張角關係證明。

13. 注意：

$$\frac{1}{2}(DC \cdot BC + AB \cdot AD)\sin\angle BAD = S_{ABCD}$$

以及

$$2R\sin\angle BAD = BD;$$

這裏 R 是圓的半徑。

練習題八

1. 利用

$$\frac{DO}{CO}=\frac{S_{\Delta BED}}{S_{\Delta ADE}}\cdot\frac{S_{\Delta ADE}}{S_{\Delta ABE}}\cdot\frac{S_{\Delta ABE}}{S_{\Delta BCE}} 。$$

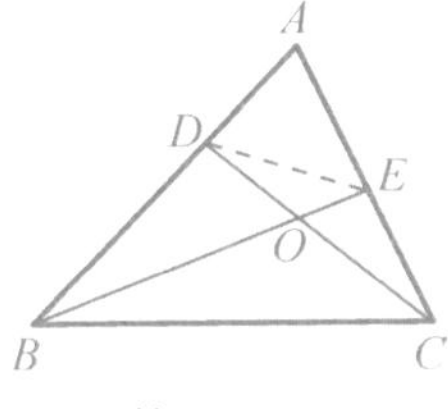

第 1 題圖

2. 這是例 2(1) 的逆命題。利用 $S_{\Delta GAC}=S_{\Delta OAC}$。可得

$$\frac{1}{2}r \cdot AC = \frac{1}{3}S_{\Delta ABC} = \frac{r}{6}(AB+BC+CA) 。$$

3. 4. 用例 3 的方法證明。

5. 這一題是練習題七第 12 題的特例。

練習題九

3. 分別作出 T 在圓內、圓外兩種情形的圖 (1)、(2)。

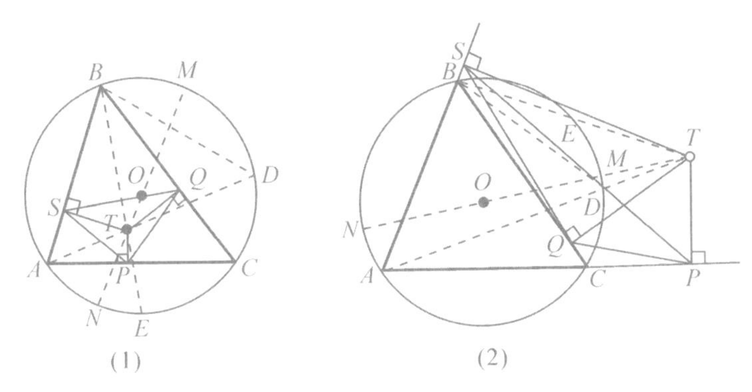

第 3 題圖

連接 AT、BT 分別交圓周於 D、E。又設圓心為 O。連接 OT 交圓周於 M、N。由於 A、P、T、S 共圓，

$\therefore$ $$\angle PST = \angle TAP。$$

又因為 B、S、T、Q 共圓，所以

$$\angle QST = \angle TBQ。$$

此外，顯然有 $$\angle PAT = \angle CBD，$$

$\therefore$ $$\angle PSQ = \angle EBD。$$

$\therefore$ $$S_{\Delta QPS} = \frac{1}{2} PS \cdot QS \cdot \sin\angle PSQ$$

$$= \frac{1}{2} PS \cdot QS \cdot \sin\angle EBD。$$

又因為 AT、BT 分別是 $APTS$、$BSTQ$ 外接圓的直徑，

$$\therefore \qquad PS = AT\sin A,\ QS = BT\sin B。$$

又因為 $\angle BDA = \angle C$，在 ΔBTD 中用正弦定理得

$$\frac{BT}{DT} = \frac{\sin D}{\sin\angle TBD} = \frac{\sin C}{\sin\angle DBE},$$

$$\therefore \qquad S_{\Delta QPS} = \frac{1}{2}AT\cdot DT\cdot\sin A\cdot\sin B\cdot\sin C。$$

由圓冪定理，得

$$AT\cdot DT = MT\cdot NT = \pm(R^2 - d^2) = |R^2 - d^2|,$$

$$\therefore \qquad S_{\Delta QPS} = \frac{1}{2}|R^2 - d^2|\sin A\sin B\sin C。$$

4. 證明 $S_{ABCD} = S_{\Delta ABE} + S_{\Delta BCE} + S_{\Delta DAE}$。

5. 以下只討論如圖所示的這種情形，其他情形讀者自己討論。

由於 M 是 AC 的中點，N 是 BD 的中點，

$$\begin{aligned} \therefore \qquad 2S_{\Delta ANM} &= S_{\Delta ANC} \\ &= S_{\Delta AND} + S_{\Delta CDN} - S_{\Delta ACD} \\ &= \frac{S}{2} - S_{\Delta ACD}, \end{aligned} \tag{1}$$

這裏 $S = S_{ABCD}$。

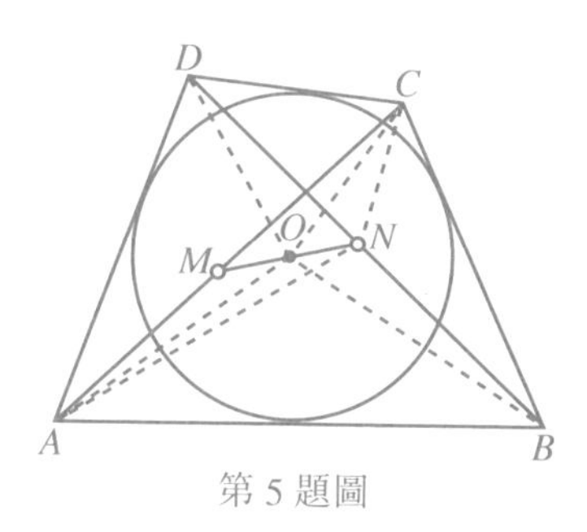

第 5 題圖

設$\odot O$的半徑為r，那麼

$$2S_{\Delta AOM} = S_{\Delta AOC} = S_{\Delta AOD} + S_{\Delta OCD} - S_{\Delta ACD}$$

$$= \frac{r}{2}(AD + DC) - S_{\Delta ACD}。 \quad (2)$$

另一方面，

$$2S_{\Delta ANO} = 2(S_{\Delta AND} - S_{\Delta AOD} - S_{\Delta OND})$$

$$= 2S_{\Delta AND} - 2S_{\Delta AOD} - (S_{\Delta OBC} + S_{\Delta OCD} - S_{\Delta BCD})$$

$$= 2S_{\Delta AND} - r \cdot AD - \frac{r}{2}(BC + CD) + S_{\Delta BCD}$$

$$= S_{\Delta ABD} - \frac{r}{2}(2AD + BC + CD) + S_{\Delta BCD}$$

$$= S - \frac{r}{2}(2AD + BC + CD)，$$

$$\therefore \quad 2(S_{\Delta ANO} + S_{\Delta AOM}) = S - \frac{r}{2}(AD + BC) - S_{\Delta ACD}$$

$$= \frac{S}{2} - S_{\Delta ACD} = 2S_{\Delta ANM}。$$

（上面最後一步用到外切四邊形性質：$AB + CD = BC + DA$。）

6. 證明

$$S_{\Delta AFH} + S_{\Delta AHC} = S_{\Delta AFC}。$$

這裏D、E、F分別為a、b、c三邊上的垂足，而H為AD、BE的交點，利用

$FA : FB = \tan\angle FCA : \tan\angle FCB$，$\angle FCA = \angle FBE$及本章例 5 的方法容易證得。

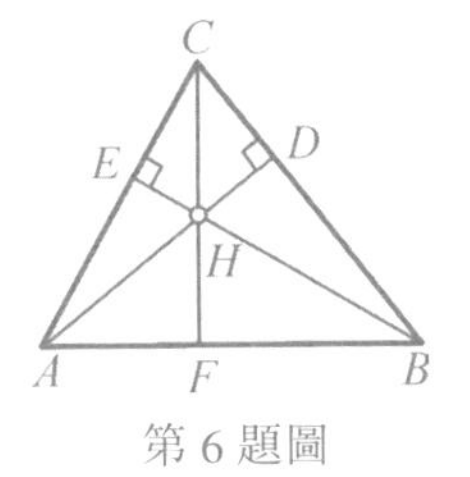

第 6 題圖

練習題十

1. 方法同例 2。

2. 方法同例 4。

3. 利用面積關係 $S_{ABCD}=S_{\Delta OAB}+S_{\Delta OCD}+2S_{\Delta OBC}$,

令 $\angle DAB=\alpha$,$\cos\alpha=x$,那麼 $AD=\dfrac{5}{\sin\alpha}$,$DC=AB-2AD\cos\alpha$。

利用這些等式列出 x 所滿足的方程即可求得。

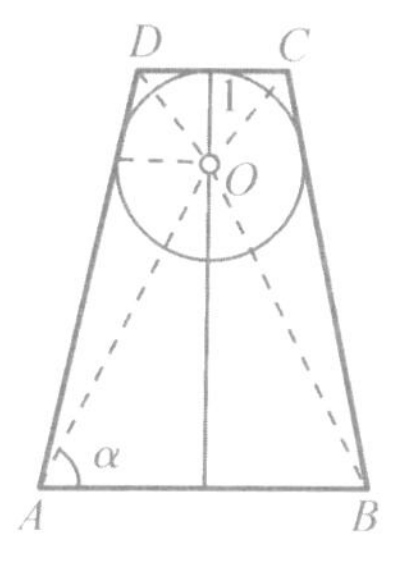

第 3 題圖

4. 利用練習題八第 1 題的結果,求得 $AR:RD=3:4$。於是

$AR=\dfrac{3}{7}AD$,因而

$$S_{\Delta ABR}=\frac{3}{7}S_{\Delta ABD}=\frac{3}{7}\cdot\frac{2}{3}\cdot S_{\Delta ABC},$$

同理 $$S_{\Delta BCP}=S_{\Delta CAQ}=\frac{2}{7}S_{\Delta ABC}。$$

再從 $$S_{\Delta PQR}=S_{\Delta ABC}-S_{\Delta ABR}-S_{\Delta BCP}-S_{\Delta CAQ}$$

即可求得。

5. 這是第 4 題的推廣,證法同上。

6. 由

$$S_{\Delta APD}=\frac{1}{2}AP\cdot AD\sin\angle PAD,$$

$$S_{\Delta APB}=\frac{1}{2}AP\cdot AB\sin\angle PAB,$$

相比，得

$$\frac{PD}{PB}=\frac{S_{\Delta APD}}{S_{\Delta APB}}=\frac{AD\sin\angle PAD}{AB\sin\angle PAB}=2\tan\angle PAD,$$

同理 $$\frac{PD}{PB}=\frac{1}{2}\tan\angle PCD,$$

設 $$\frac{PD}{PB}=x,$$

$$\therefore \quad \tan(\angle PAD+\angle PCD)=\cot\angle APC=\frac{\frac{1}{2}x+2x}{1-x^2}=\frac{5}{3},$$

解得 $x=\frac{1}{2}$，即 $PD=BD=\sqrt{5}$。

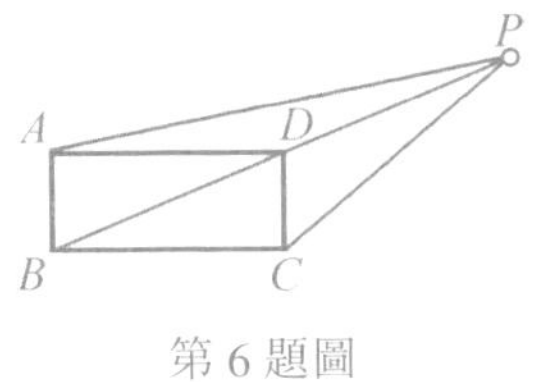

第 6 題圖

7. 利用

$$S_{\Delta \mathrm{I}}=S_{\Delta \mathrm{II}}=\frac{AO}{OC}S_{\Delta BOC}=pq,$$

得 $$S_{ABCD}=(p+q)^2。$$

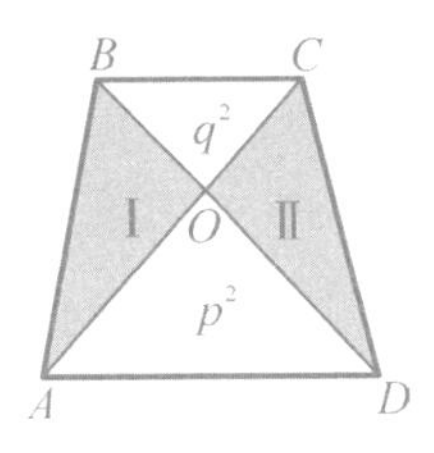

第 7 題圖

8. 用第 85 頁導出歐拉公式的方法證明。

練習題十一

1. 以 G 為視點，分別對 B、E、N 及 C、F、M 用張角關係，得

$$\frac{\sin(\alpha+\beta)}{EG}=\frac{\sin\alpha}{BG}+\frac{\sin\beta}{NG}\ ,$$

$$\frac{\sin(\alpha+\beta)}{FG}=\frac{\sin\alpha}{MG}+\frac{\sin\beta}{CG}\ 。$$

兩式相比，即可證得所要的不等式。

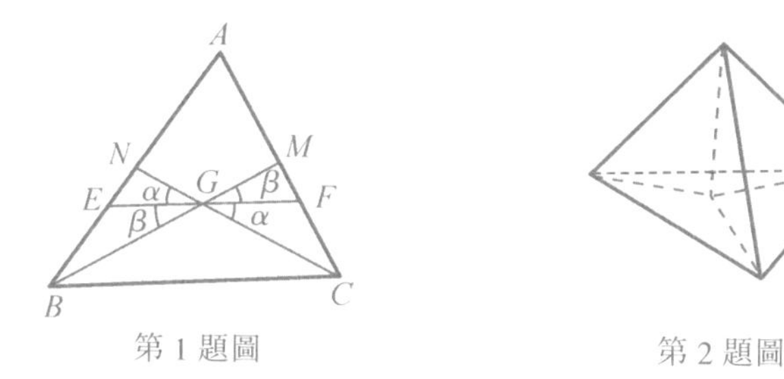

第 1 題圖　　第 2 題圖

2. 設四面體四個面的面積為 a、b、c、d，各二面角分別為 $\widehat{a,b}, \widehat{a,c}, \widehat{a,d}, \widehat{b,c}, \widehat{b,d}, \widehat{c,d}$。由投影可知

$$b\cos\widehat{a,b}+c\cos\widehat{a,c}+d\cos\widehat{a,d}=a\ ,$$

$$\therefore \qquad bcd\cos\widehat{a,b}\cdot\cos\widehat{a,c}\cdot\cos\widehat{a,d}\le\frac{a^3}{27}\ 。$$

再寫出類似的另外三個不等式，連乘即得。

3. 用某些三角形面積表示圖中 $\sin\alpha$、$\sin\beta$、$\sin\gamma$, 即可證得。

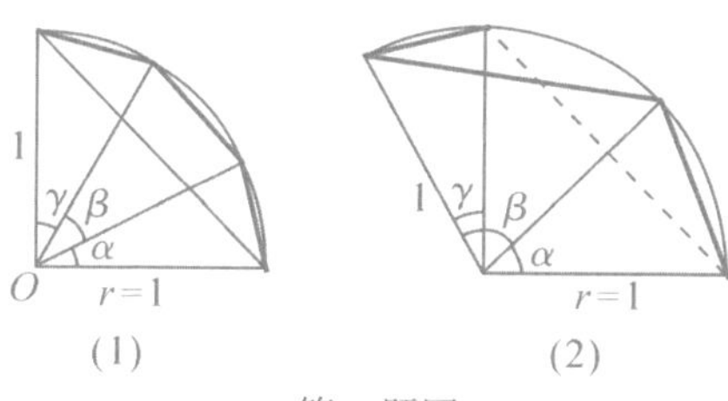

第 3 題圖

4. 注意 $PD+PE+PF$ 為 ΔABC 的高，並利用斜高公式證明。

5. 作 ΔABC 的外接圓⊙O，直線 PC 交⊙O 於 Q。作直徑 QC'，過 Q 作直線交直線 $C'B$ 於 A'，交直線 $C'A$ 於 B'，並使 $\angle A' = \angle B' = 60°$。那麼 $QB \perp A'C'$，$QA \perp B'C'$，由上面第 4 題的結論知

$$PA + PB + PQ \geq QA + QB。$$

另一方面，由 $\angle A' = \angle B' = \angle AC'C$，所以 $C'C \parallel A'B'$，CQ 為 $\Delta A'B'C'$ 在 $A'B'$ 邊上的高。由練習題八第 3 題結論知 $QA+QB=QC$。

$\therefore$ $$PA + PB + PQ \geq QC。$$

即 $$PA + PB \geq QC - QP = PC。$$

當 P、Q 重合時，等式成立。即點 P 在 $\overset{\frown}{AB}$ 上時等式成立。

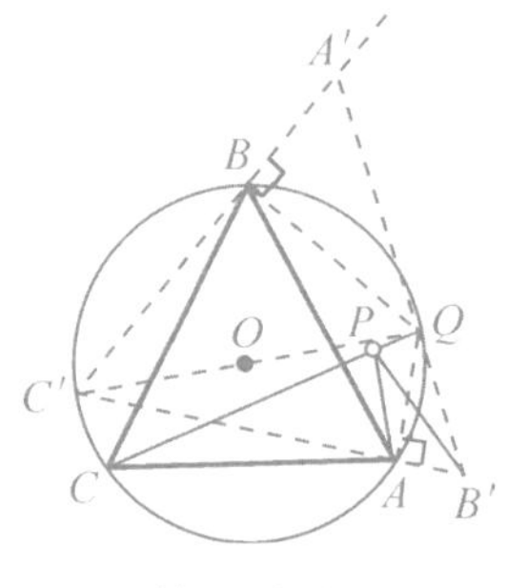

第 5 題圖

6. 注意：$S_{\Delta ABO} : S_{\Delta ADO} = S_{\Delta BCO} : S_{\Delta CDO}$。

8. 直接用海倫公式， 或利用

$$S_{\Delta ABC} = \frac{1}{2}ab\sin C = \frac{1}{2}bc\sin A = \frac{1}{2}ca\sin B，$$

及平均不等式證明。

9. 用類似於例 4 的方法。先列出三個等式，再連乘，轉化為所要證的不等式。

10. 如圖，當 $a_1 + a_2 + a_3 \leq 100$ 時，對角線上的那些小正方形不可能把陰影部分填滿。為證實這個結論，只要把所有的小正方形向上平移到靠上邊線處，就很清楚了。

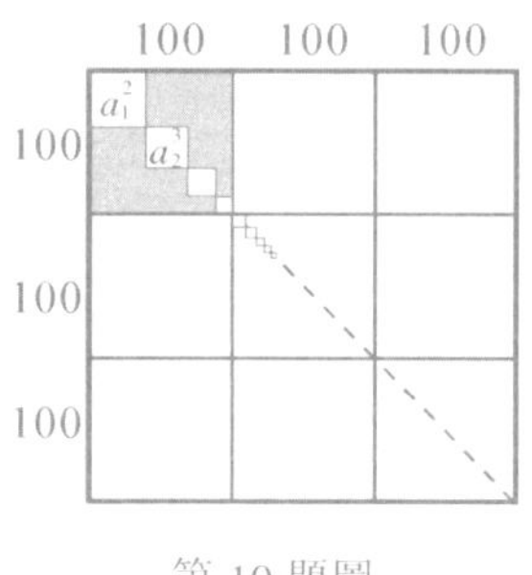

第 10 題圖

11. 利用 $\frac{1}{2}r(a+b+c) = \Delta = \frac{abc}{4R}$，$a = 2R\sin A$，$b = 2R\sin B$，$c = 2R\sin C$ 及平均不等式證明。

12. 所要證的不等式等價於

$$\sin^2 A + \sin^2 B + \sin^2 C \leq \frac{9}{4}\text{。}$$

此式等價於

$$\sin(2A - 90°) + \sin(2B - 90°) + \sin(2C - 90°) \leq \frac{3}{2}\text{。}$$